군사전략 입문

군사전략 입문

초판발행일 | 2018년 1월 31일
2쇄 발행일 | 2019년 1월 7일
3쇄 발행일 | 2021년 8월 18일

지은이 | 안툴리오 에체베리아(Antulio J. Echevarria II)
옮긴이 | 나종남
펴낸곳 | 도서출판 황금알
펴낸이 | 金永馥

주간 | 김영탁
편집실장 | 조경숙
인쇄제작 | 칼라박스
주소 | 03088 서울시 종로구 이화장2길 29-3, 104호(동숭동)
물류센타(직송 · 반품) | 100-272 서울시 중구 필동2가 124-6 1F
전화 | 02) 2275-9171
팩스 | 02) 2275-9172
이메일 | tibet21@hanmail.net
홈페이지 | http://goldegg21.com
출판등록 | 2003년 03월 26일 (제300-2003-230호)

값은 뒤표지에 있습니다.
ISBN 979-11-86547-91-5-93390

군사전략 입문

MILITARY STRATEGY: A VERY SHORT INTRODUCTION

안툴리오 에체베리아(Antulio J. Echevarria II) 지음

나종남 옮김

황금알

서문Prologue

1975년에 베트남 전쟁의 종전 협상이 진행되는 도중, 미국 육군 대령과 베트남군 대령 사이에 주고받은 짧막하지만 의미심장한 대화에서 군사전략의 중요성이 잘 드러난다. 미국 육군의 해리 서머스Harry G. Summer Jr. 대령이 "미군이 결코 전장에서on the battlefield 패배하지 않았다는 것은 당신도 잘 아는 바입니다"라고 말을 건네자, 베트남군 투Tu 대령은 잠시 생각을 마친 후에, "아마 그럴 것입니다. 하지만 그것도 잘못된 평가일 수 있습니다"라고 맞받아쳤다.[1]

이 대화는 베트남 전쟁 기간 동안 미국의 전략적 사고에 많은 한계가 있었음을 가장 잘 보여주는 단면으로 널리, 심지어 너무나 자주 인용되는 사례이다. 전쟁에서 승리하는 것과 전투 몇 개에서 이기는 것은 큰 차이가 있다. 전쟁에서 승리하기 위해서는 승리를 장담할 수 있을 정도로 잘 갖춰진 군사전략이 필요하다. 베트남 전쟁

---

[1] 미국 육군 대령과 베트남 대령 사이에 주고받은 이 대화는 Harry G. Summers Jr., *On Strategy: A Critical Analysis of the Vietnam War*(Novato, CA: Presidio, 1995), preface을 참고할 것.

중 미국은 중요하다고 판단된 몇몇 전투에서 승리하기 위해 수많은 자원을 투입하였으나, 결국은 전쟁에서 패배하였다. 이 과정에서 미국이 채택한 군사전략의 가정들the assumptions—많은 자원을 투입하면 승리할 수 있다—에 문제가 있다는 수많은 비난이 제기되었다.

어떤 상황에서나 승리할 수 있는 군사전략은 존재할 수 없지만, 적절치 않은 군사전략을 채택할 경우 패배하는 것은 당연하다. 결정적 승리와 성공이 전략가의 상상과 판단의 범위를 넘어서는 것이라고 하더라도, 잘 짜여진 군사전략은 유리한 결과에 도달할 수 있는 가능성을 높일 수 있다. 군사전략은 특정 형태의 분쟁과 군사력 사용에 알맞도록 구상되어야 한다. 핵무기나 사이버 공간과 같은 새로운 기술의 출현은 군사전략에 수많은 가능성possibilities을 제시함과 동시에 제한사항constraints으로도 작용한다. 하지만 이러한 상황의 변화 때문에 잘 갖춰진 군사전략의 중요성이 줄어드는 것은 아니다.

역자 서문

고대로부터 오늘에 이르기까지 막강한 군사력을 보유하고도 적절한 군사전략을 채택하지 못해 결국 전쟁에서 패배한 국가는 수없이 많았다. 칸나에 전투(BC 216)의 대승에도 불구하고 카르타고는 로마에게 패배하여 지중해의 패권을 상실하고 결국 멸망하였다. 압도적인 군사력을 앞세워 베트콩과 맞선 수많은 전투에서 승리한 미국은 베트남 전쟁에서 패배의 고배를 마셔야 했다. 몇차례 전투에서 승리했으나, 정작 전쟁에서 패배한 수많은 사례를 통해서 군사전략軍事戰略/Military Strategy의 중요성을 파악할 수 있다.

이 책은 지난 20여 년 동안 미국을 대표하는 군사 이론가, 군사 전략가로 활동하던 미국 육군대학의 안툴리오 에체베리아Antulio J. Echevarria II 교수의 저작을 번역한 것이다. 원저는 Antulio J. Echevarria II, *Military Strategy : A Very Short Introduction*(London: Oxford University Press, 2017)이다. 저자는 이 책에서 군사학, 군사전략 입문자가 반드시 알아야 할 전쟁사의 핵심 사례를 중요한 군사전략 개념과 연결하여 설명하였다. 에체베리아 교수는 군사전략의 유형을 '섬멸과 마비', '소모와 소진', '억제와 강압', '테러와 테러리즘', '참수와 표적살해', '사이버 전략' 등으로 구분하였다. 이 중에서 독자의 시선을 사로잡는 부분은 최근의 전쟁양상에 적용할 수 있는 '테러와 테러리즘', '참수와 표적살해',

'사이버 전략' 등인데, 이들은 우리 글로 쓰인 다른 군사전략 서적에서는 찾아보기 쉽지 않은 내용들이다. 전쟁 양상이 급변하는 오늘날에 대량살상 무기의 사용, 테러리즘의 이해, 사이버 전쟁 등에 대한 논의는 주목하지 않을 수 없는 부분이다.

이 책에는 지금까지 국내에 자세하게 소개되지 않았던 몇 가지 전쟁사 사례에 대한 '새로운 해석'이 제시되어 있다. 한니발의 오류 the Hannibalic fallacy, 나폴레옹의 전략적 한계, 테러와 테러리즘에 대한 다양한 이해 등이 그것이다. 주변에서 '살아있는 클라우제비츠Clausewitz in our age'로 불리는 세계 최고의 군사 이론가가 제시하는 수준 높은 분석을 통해 전쟁사와 군사전략에 대한 이해의 지평을 넓힐 수 있을 것이다.

이 책은 얇은 분량이지만 과거의 전쟁사를 분석하여 승리하는 군사전략의 전형을 구체적인 사례와 함께 설명함으로써 전쟁사 및 군사전략 입문자의 지적 호기심을 자극한다. 장차 다양한 형태의 군사작전을 책임지고 수행할 사관생도를 포함한 장교 후보생과 초급장교의 필독서인 이유이다. 이와 더불어 전문 전쟁사 연구자에게도 자신 있게 권장할 수 있는 수준 높은 개론서이다. 간결한 문체가 만들어낸 공간의 여백을 사고의 공간으로 연결할 수 있는 수준 높은 독자의 손에 이 책이 오랫동안 머물기를 기대한다.

2018. 1.

譯者

차 례

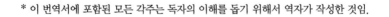

* 이 번역서에 포함된 모든 각주는 독자의 이해를 돕기 위해서 역자가 작성한 것임.

제1장. 군사전략이란 무엇인가?

What is military strategy?

군사전략軍事戰略/military strategy은 자신이 추구하는 목적을 달성할 때까지 적의 전쟁수행 능력能力/physical capacity to fight과 싸우려는 의지意志/willingness to fight를 약화시키는 것이다. 군사전략은 전시戰時 뿐만 아니라 평시平時에도 실행하며, 적의 위협에 대응하여 직접 및 간접적으로 무력을 행사하는 일과 연관된다. 전쟁에서 적의 전쟁수행 능력과 싸우려는 의지를 약화시키는 것은 상대적인 문제이다. 예를 들면, 상대방이 적대행위를 시작하기 이전에 아군의 군사력을 양적 및 질적 측면에서 적을 압도할 만큼 육성함으로써 적의 전쟁수행 능력과 싸우려는 의지를 약화시키는 목적을 을 달성하는 것도 가능하다.

과거로부터 전략戰略/Strategy과 군사전략軍事戰略/Military Strategy을 다양하게 이해하고 정의했으나, 전략가가 추구하는 핵심 목표는 변하지 않았다. 전략가의 임무는 자신이 추구하는 목표를 달성하기 위해서 적의 강점強點에 맞서고 약점弱點을 이용하는 것이다. 전략은 최초의 군사적 충돌이 시작되기 이전以前이나 적대행위가 끝난 한참 이후以後까지 지속적으로 작용하며, 군사뿐만 아니라 외교, 문화와 경제에서도 상대방을 제압하고자 한다. 이러한 양상은 대결과 충돌의 범위, 경쟁에 걸린 대가의 크기와 무관하다.

군사전략은 대결의 범위, 정도, 목적 등과 무관하게 자신과 상대방의 강점과 약점에 대한 비교와 평가에서 시작된다. 또한 자신이 달성하고자 하는 목적에 대한 상대방의 강점과 약점에 대한 평가도 포함된다. 따라서 각자의 목적을 다시 설정하거나, 대결이 진행됨에 따라 이와 관련된 행동에 대한 수정이 필요할 수 있다. 이러한 대결은 어느 한 쪽이 충분히 목표를 달성했거나, 혹은 더 이상 취할 수 있는 조치가 없다고 판단했을 때 종료된다.

군사전략의 구분Classifying military strategy

과거로부터 전략가들은 다양한 방법으로 군사전략을 설명해 왔다. 고대 중국의 군사 사상가 손자孫子[1]는 전략을 물질적, 도덕적 이득을 얻기 위한 조건으로 논의했는데, 그는 실제로 전투가 시작되기 이전에 이미 전투에서 승리할 수 있다고 주장하였다. 스위스 출신 군사 이론가이며 나폴레옹의 예하 참모로 활약한 바 있는 앙트완 앙리 조미니Antoine-Henri de Jomini[2]는 전략을 "지도 위에서 전쟁을 수행하는 것"이라고 기술했는데, 이것은 지리적 이점을 찾아 기동하는 것을 의미한다. 19세기 프로이센 군사 저술가 칼 폰 클라우제비츠Carl von Clausewitz[3]는 전술戰術/tactic과 전략戰略/strategy을 구분하여 설명했는데, 전술은 "적과의 교전에서 승리하기 위해 군사력을 사용하는 것"이며, 전략은 "전쟁의 목적을 달성하기 위해

---

1) 손무孫武는 중국의 춘추시대에 활동한 군사 사상가 및 전략가이다. 그가 저술한 것으로 알려진 『손자병법孫子兵法』은 동양 최고의 군사 지침서로 평가되며, 오늘날에까지 널리 읽히고 있다.
2) 앙트완 앙리 조미니(Antoine-Henri de Jomini, 1779~1869)는 스위스 출신이며, 프랑스와 러시아 군대에서 복무하였다. 프랑스 혁명전쟁과 나폴레옹 전쟁을 경험하였으며, 이를 바탕으로 『전쟁술』The Art of War 등의 저작을 남겼다.
3) 칼 폰 클라우제비츠(Karl von Clausewitz, 1780~1831)는 프로이센 출신이며, 프로이센과 러시아 군대에서 복무하였다. 프랑스 혁명전쟁과 나폴레옹 전쟁을 경험하면서 군사이론, 전쟁사, 군사전략 등에 관심을 가졌으며, 전쟁의 본질을 철학적 관점에서 접근하여 분석한 『전쟁론』On War을 집필하였다.

교전을 구사하는 것"으로 정의하였다. 19세기 프로이센 육군의 참모총장을 역임한 헬무트 폰 몰트케Helmuth von Moltke[4]를 포함한 독일 군사 지도자들은 전략을 "승리가 달성될 때까지 전쟁의 변화하는 환경을 적절하게 적용하는 것"으로 이해하였다. 반면, 20세기 영국의 군사 비평가 바질 리델 하트Basil Liddell Hart[5]는 전략을 "정책이 추구하는 바를 충족하기 위해 군사적 수단을 배분하고 적용하는 術/art"이라고 정의하였다. 그리고 영국의 저명한 학자 로렌스 프리드먼Lawrence Freedman[6]은 전략을 "힘power을 창출하는 術/art"이라고 정의하였다.

오늘날의 학자들은 장기적 관점에서 전략을 논하며, 전쟁의 계획과 결정과정에 전략적 요소가 반영되어야 한다고 주장한다. 콜린 그레이Colin Gray 등 현대 전략 이론가들은 전략을 군사적 수단과 정치적 목적을 연결하는 연결 수단 혹은 교량에 비유하여 설명한다.

---

4) 헬무트 폰 몰트케(Helmuth von Moltke, 1800~1891) 혹은 大몰트케(Moltke the Elder)는 프로이센 군대의 참모총장을 역임하였다. 프로이센-오스트리아 전쟁(the Austro-Prussian War, 1866)과 프로이센-프랑스(혹은 보불전쟁, the Franco-Prussian War, 1870~1871)에서 승리하여 독일 통일에 기여하였다.

5) 리델 하트(Basil Henry Liddell Hart, 1895~1970)는 영국 출신이며, 제1차 세계대전에 참전하여 솜 전투(the Battle of Somme, 1916) 등을 경험하였다. 전역 후 타임Times誌 등에서 군사 전문기자로 활약하였으며, 1930년대에는 기계화전, 기동전 등을 주장하여 많은 주목을 받았다. 군사 이론가 및 군사평론가로도 활약하였으며, 『전략론』Strategy 등의 저서를 남겼다.

6) 로렌스 프리드먼(Lawrence Freedman, 1948~)은 영국 킹스 갈리시 전쟁학부(War Studies at King's College) 교수이다. 국제정치, 국가안보, 군사전략 등의 분야에서 대가大家로 명성을 쌓고 있는 학자이며, 저서로는 『전략의 역사』Strategy: A History 등이 있다.

역사가 휴 스타라챈Hew Strachan은 달성해야 할 목표와 달성 가능한 것 사이를 조율하는 과정에서 발생하는 전략적 대화strategic dialogue의 중요성을 강조한다. 다른 학자들은 전략을 전시나 평시에 누군가의 노력에 구조와 일관성을 제시하는 지적 아키텍처intellectual architecture로 설명한다.

이처럼 전략에 대한 정의는 다양하며, 때로는 전문가들조차 군사전략과 일반적으로 사용되는 전략의 차이를 혼동하는 경우도 있다. 그렇다고 해서 전략에 대한 다양한 정의가 필요하지 않거나, 이들이 모두 자기모순인 것은 아니다. 앞서 언급한 전략에 대한 다양한 정의는 특정한 역사, 정치 상황을 통해 굴절된 산물이다. 그리고 이들 각각은 전략의 실행에서 분리하기 힘든 반복되는 주제와 과정을 내포하고 있다. 이러한 관행이 전쟁수행 과정에서 진화하는 것은 당연하다. 예를 들면, 조미니가 제시하는 전략의 정의는 르네상스 시대 정치 및 군사 저술가 니콜로 마키아벨리Niccolo Machiavelli[7]가 수백 년 이전에 '전쟁술戰爭術/the art of war'이라고 정의했던 것에서 크게 달라지지 않았다. 마키아벨리가 활동하던 시대에는 전략strategy과 전쟁술art of war 혹은 전쟁수행conduct of war이 동의어처럼 사용되었다. 그럼에도 불구하고 로마에 대항했던 한니발

---

7) 니콜로 마키아벨리(Niccolò Machiavelli, 1469~1527)는 이탈리아 출신이며, 메디치 가문이 통치하던 피렌체에서 외교관으로 활약하였다. 이탈리아 르네상스기를 대표하는 정치 이론가 및 사상가로 유명하며, 『군주론』The Prince 등의 저서를 남겼다.

Hannibal[8]의 전쟁으로부터 블라디미르 푸틴Vladimir Putin의 우크라이나 침공에 이르기까지 군사전략의 실행은 대부분 자신이 추구하는 목적을 달성하기 위해 상대방의 전쟁수행 능력과 싸우려는 의지를 약화시키는 방법을 찾는 것으로 귀결됨을 알 수 있다.

일부 전문가들이 대전략大戰略/grand strategy이라고 부르는 것과 군사전략을 비교하면, 군사전략軍事戰略/military strategy의 특징을 명확하게 이해할 수 있다. 일반적으로 군사전략은 장군의 '업무business' 혹은 '관심'이라고 할 수 있는데, 이것은 'Strategia'라는 8세기 그리스어에서 유래한 개념이다. 여기에는 'gike episteme장군의 지식'과 'strate go n sophia장군의 지혜'라는 두 개의 그리스어 구절에 포함된 정신이 내포되어 있다. 'Strategia'라는 단어는 객관적 지식objective knowledge과 주관적 기교subjective skill의 조합으로 이해할 수 있다. 반면에 대전략은 '국가 지도자의 관심'을 의미하는데, 여기에서 장군이 담당하는 군사전략은 대전략의 일부에 해당한다.

대전략가와 군사 전략가는 공격 혹은 방어 상황에서 상대방의 힘을 압도하여 자신이 추구하는 목적을 달성하려고 노력한다. 대전략가는 동맹과 연합을 체결하여 자신의 목적을 달성하며, 또한 적에 비해 자신의 힘을 향상, 보존하기 위해 조약이나 협상을 체결하기도 한다. 군대 지휘관은 특정한 군사전략을 발전시키기 위해 대

---

8) 한니발(Hannibal, BCE 247~183)은 카르타고의 장군이며, 포에니 전쟁(the Punic Wars, BCE 260~149) 중 카르타고 군대를 이끌고 이탈리아 반도를 침공하여 BCE 216년의 칸나에 전투(the Battle of Cannae)에서 승리한 명장名將이다.

전략가가 체결한 동맹과 협상을 통해 확보한 물질적, 심리적 이점을 활용한다. 대전략가는 예상되는 이익에 대응하는 급박한 군사충돌에서 발생하는 잠재 비용을 중시하는데, 잠재 비용을 최소화하는 대신 예상 이익을 극대화할 수 있는 조건을 수립하려 한다. 또한 이들은 당면한 군사 임무와 장래의 군사적 이익 사이에 균형을 맞추려고 하는데, 이 과정에서 우선순위를 결정하기도 한다. 이후 군사전략가는 이익을 초과하는 비용이 발생하지 않는 상태에서 목적을 달성하려고 노력하며, 눈앞의 이익을 조율하여 장기 이익을 성취하려 한다.

군사전략은 대전략이 설정한 범위parameters 내에서 형성되는 것이 바람직한데, 이 경우에는 각자의 목적과 우선순위가 합리적으로 조율될 수 있다. 그러나 두 전략, 즉 군사전략과 대전략의 행위자와 변수는 수시로 변하며 일정하게 정해진 형태가 없이open systems 작동한다. 따라서 군사전략이 대전략을 대체하거나, 혹은 군사전략이 대전략과 무관하게 작동하기도 한다. 이러한 상황은 나폴레옹Napoleon[9]의 사례에서 잘 알 수 있는데, 한 사람이 군사전략과 대전략을 동시에 구사하는 경우이다. 이 사례는 통일된 노력이 필요한 상황에 비해서 장점을 갖지만, 한 명의 정책결정자에게 지나친 부

---

9) 보나파르트 나폴레옹(Napoleon Bonaparte, 1769~1821)는 코르시카에서 출생하여, 프랑스 군대에 입대한 후 프랑스 혁명전쟁에서 활약하였다. 쿠데타를 거쳐 1804년에 황제가 되어 프랑스를 통치하였으며, 유럽 대륙을 정복하기 위한 군사원정을 추진하였다. 그러나 워털루 전역(the Waterloo Campaign, 1815)에서 패배한 직후 세인트 헬레나St. Helena 섬으로 유배된 후, 1821년에 병사病死하였다.

담을 주어 심각한 부작용을 초래할 수 있다. 반면에 우유부단한 대전략으로 의해 군사전략이 지장을 받는 경우도 많았다. 예를 들면, 카르타고의 원로원에서는 아프리카 대륙에서 영토확장을 추구하던 지주세력과 지중해에서 카르타고의 영향력 확대를 주장하던 해양세력이 팽팽하게 대립하였다. 이와 같은 지도층의 분열은 향후 발생한 로마와의 잇단 전쟁에서 카르타고의 정치적 의지와 결단력을 크게 약화시켰다.

오늘날 군사학에서 대전략大戰略/Grand Strategy이라는 용어는 동맹, 연합전략, 혹은 국가전략 (혹은 국가안보전략)을 의미한다. 동맹이나 연합전략은 북대서양조약기구NATO와 같은 다국적 파트너십이 추구하는 목적이나 행동절차와 관련된다. 국가전략國家戰略/National Strategy은 외교, 경제, 군사, 정보자산 등 모든 국력의 총합에 의해 성취할 수 있는 목표를 설정한다. 예를 들면, 냉전시기에 미국과 영국 등이 추구한 '봉쇄containment' 대전략은 NATO를 위한 동맹전략이자 미국의 국가안보전략國家安保戰略/National Security Strategy이었다.

한편 군사전략의 동의어는 국가 군사전략國家 軍事戰略/national military strategy이라고 할 수 있는데, 여기에는 개별 지역region과 전구theater에 적용하는 여러 가지 지원전략이 포함된다. 국가 군사전략은 특정국가가 정책 목표를 추구하기 위해 군사력을 어떻게 사용할 것인가를 다룬다. 지역전략 혹은 전구전략은 특정한 지리적 범위 내에서 목적을 달성하기 위해 군사력 사용방안을 구체화하는 것이다. 예를 들면, 봉쇄라는 대전략을 지지하는 미국의 국가 군사전략에는 중부 유럽과 한반도에 적용하는 억제전략, 중동과 라틴 아메리카에서 적용하는 다양한 형태의 강압전략이 동시에 포함된다. 따라서 배치와 재배치가 수시로 반복되는데, 이러한 경향은 군사전략의 범위가 전 세계적이거나 여러 세력이 함께 관련된 경우에 더욱 명확하다.

군사전략 만들기Crafting Military Strategy

오늘날의 군사 전문가들은 군사전략 (그리고 대전략)을 다음과 같은 세 개의 핵심 요소, 즉 목표ends, objectives + 방법ways, courses of action + 수단means, resources으로 구성한다. 이 모델을 개발한 사람은 아더 레크Arthur F. Lykke Jr.인데, 공학자工學者인 그는 약 30년 동안 전문 직업군인을 대상으로 강의한 경력을 가지고 있다. 그가 제시한 방정식에서 목적ends or objectives에는 상대방을 겁주거나, 억제하거나, 설득하거나, 강압하거나, 징벌하거나, 굴복시키거나, 점령하는 것이 포함된다. 방법ways에는 기본적으로 군사전략의 유형 혹은 이들의 조합이 해당한다. 마지막으로 수단means은 군사력을 의미한다. 중부 유럽에 대한 NATO의 군사전략에 이러한 요소들이 어떻게 반영되어 있는지 사례로 살펴보자. 먼저 목표end는 바르샤바 조약기구의 공격을 격퇴하는 것인데, 이 목표는 강력한 방어태세way를 유지함으로써 달성되었다. 이 과정에는 핵무기와 특수부대와 재래식 부대의 혼합운용 등의 수단means이 동원되었다.

아더 레크가 제시한 이 방정식에 위험risk 요소를 추가한 학자도 있다. 이들에 따르면, 좋은 전략이란 세 개의 구성요소(목표, 방법, 수단)가 균형을 갖춘 상태에서 하나로 결합된 것인데, 특정한 방법을 통해 목표를 달성할 수 있을 만큼 충분한 수단을 보유하는 상태를 의미한다. 이 세 가지 요소의 균형을 추구하는 이유는 균형 상황에서 위험이 줄어들기 때문이다. 그러나 군대 사령관은 위험 요소를 국가 지도자 및 정치가와 다른 시각에서 접근하는데, 그 이유가 무엇인지를 이해하는 것도 중요하다. 군대 사령관에게 있어서 위험은 임무달성에서 실패할 가능성을 말한다. 다시 말하면, 군대 사령관에게 있어서 위험이 높다는 것high risk은 실패할 가능성이 크다는 것을 의미한다. 따라서 이들은 어떻게든 자원을 늘리고 위험을 줄이려고 할 것이다. 그러나 국가 지도자는 위기를 자신이 향후 투자해야 하거나 혹은 이미 투자한 정치자본의 기능 중 일부로 인식한다. 간략하게 말하면, 정치자본은 국가 지도자에 대한 대중의 신뢰와 확신이다. 자원(생명과 재산)에 대한 투자가 많을수록 정치자본의 위험도 증대된다. 이러한 맥락에서 정치 지도자는 군사행동에 필요한 병력의 숫자를 포함한 모든 형태의 자원 투입을 최소화하는 경향이 강하다.

종합하면, 군사 및 안보분야에서는 전략을 목표ends + 방법ways + 수단means + 위험risk의 형태로 표현한다. 이것은 정책 결정자와 전문 직업군인이 특정 형태의 전략을 논의하는 기본 틀framework인데, 특히 보유하고 있는 자원이 장차 달성하고자 하는 목표달성에 적합한 지를 검토하는 과정에도 적용할 수 있다. 그러나 어느 정도의 군사력을 동원해야 충분한지 혹은 언제 균형이 이뤄지는지를 결정하는 과학적 방법이 존재하는 것은 아니다. 이에 대한 해법은 주로 군대 사령관의 전문 직업적 결정에 의존하거나, 국가 재정

투자와 정치자본의 활용가능 여부에 기초한 국내 상황에 의해 좌우된다. '아름다움'이나 '미美/beauty'에 대한 판단 기준과 마찬가지로, 전략을 이루는 구성요소 사이의 균형이 달성되는지의 여부는 이를 담당하는 사람들이 판단한다.

앞서 아더 레크가 제시한 방정식이나 구조는 계획 단계의 출발점에 불과하다. 예를 들면, 전략가는 이 구조를 이용하여 다리나 훨씬 복잡한 건물을 제작할 수 있다. 이 상황에서 전략과 계획을 구분하는 것은 이들이 처한 환경의 본질과 상대(혹은 적)의 존재 여부이다. 만약 적대적 성향의 상대방을 고려해야 하는 경쟁적 상황이면 전략a strategy이 필요하지만, 그렇지 않다면 계획a plan만으로 충분하다.

군사전략의 실행Practicing Military Strategy

역사적으로 군사 전문가들은 군사전략이 術術/art인지 과학科學/science인지에 대해서 논쟁해 왔으며, 이 논쟁은 앞으로도 지속될 것이다. 하지만 오늘날의 군사 전략가들은 대체로 군사전략을 실행實行/a practice으로 간주하여 접근하는데, 여기에는 과학의 객관적 지식(과학이 객관적일 수 있는 한)과 術術/art과 연관된 주관적 지식(혹은 기술)이 조합된다. 군사전략 혹은 군사와 관련된 어떤 형태와 수준의 전략을 실행하는 것은 누군가의 목적을 달성하기 위한 전문 지식, 가능한 것에 대한 이해, 사회 정보, 혹은 인간의 행동에 대한 그럴듯한 생각 등을 혼합하여 적용하는 것으로 생각할 수 있다. 달리 표현하면, 목표-방법-수단-위험 방정식the ends-ways-means-risk equation에는 군사력, 할 수 있는 것과 할 수 없는 것에 대한 평가, 군사전략의 기본 유형에 대한 이해, 그리고 원하는 바를 달성하기 위해 이들이 어떻게 군사작전이나 전역campaign과 연결되는가에 대한 평가 등이 포함된다.

군사력軍事力/military power은 주어진 상황에서 특정한 전투임무를 수행할 수 있는 능력으로 정의할 수 있다. 예를 들면, 핵 잠수함과 순항 미사일을 주축으로 하는 군사력은 대對반란전counerinsurgency 전술이 필요한 상황에는 효용성이 낮을 것이다. 또한 무장은 잘 갖췄으나 훈련이 부족한 민병대는 무기체계의 수준은 유사하지만, 훈련이 잘된 정규군과 대항할 경우 제대로 전투력을 발휘할 수 없을 것이다.

군사력은, 다른 형태의 힘과 마찬가지로, 다차원적multidimensional 성향을 가지고 있는데, 지상력land power, 해양력sea power, 공중력 air power 혹은 우주력aerospace power, 정보력informational power, 그리고 최근에 강조되는 사이버 파워cyber power로 구분할 수 있다. 지상력land power은 지상에 근거를 두고 있는 영향력의 중심을 통제할 수 있는 지상군의 능력이다. 해양력sea power은 해상 상업 및 병참선에 대한 통제능력과 군사력의 해외 투사능력을 가리킨다. 공중력 aerospace power의 범위는 공중과 (궤도 거리까지 포함된) 우주인데, 이 공간에서 작전을 수행하는 능력과 그 공간으로부터 부대를 투사하는 능력이다. 정보력informational power은 과거에는 선전propaganda이나 심리전psychological warfare이라고 알려졌으나, 최근에는 전략적 커뮤니케이션strategic communication의 범주로 확대되고 있다. 정보는 실제 전투력의 반향 효과를 확대 및 축소하며, 특정 대상으로부터 유용한 인상을 이끌어내는데 도움이 되기도 한다. 사이버 파워 cyber power는 사이버 공간 내에서 보안 관련 작전을 수행하는 능력을 가리키는데, 일반적으로 정보나 코드의 흐름을 촉진하거나 방해하는 능력과 연계된다.

군사력의 작동은 군사 전문가들이 전쟁원칙principles of war 혹은 작전원칙이라고 부르는 것으로 구체화된다. 이러한 원칙의 특징은 보편적 혹은 항시적인 것으로 간주되나, 반드시 그렇지만도 않다. 이러한 원칙을 적용함으로써 어느 한쪽이 상대에 비해 이점을 가질 수 있으나, 여기에서 취할 수 있는 이익의 정도는 대체로 구체적 상황에 따라 결정된다. 다음은 전문 군사서적에 자주 등장하는 9가지 전쟁원칙이다.

① 목표目標/objective의 원칙: 목표를 설정하고, 모든 군사행동이 이를 추구해야 한다.

② 기동機動maneuver의 원칙: 지리 및 위치의 이점을 확보하기 위해 필요하다.

③ 기습奇襲/surprise의 원칙: 적을 예상치 못한 방법으로 공격하라.

④ 집중集中/mass의 원칙: 수적 우위를 달성하기 위해 군사력을 집중하라.

⑤ 병력 절약兵力 節約/economy of force의 원칙 (집중의 반대 개념): 결정적이지 않은 작전에서는 병력을 최대한 절약하라.

⑥ 공세攻勢/offensive의 원칙: 주도권 혹은 일시적 우세를 장악하라.

⑦ 방호防護/security의 원칙: 병력은 안전하게 보호되어야 한다.

⑧ 간명簡明/simplicity의 원칙: 복잡한 의사소통은 삼가라.

⑨ 지휘 통일指揮 統一/unity of command의 원칙: 전쟁지도 체제를 단순화시켜 이해관계의 충돌을 피해야 한다.

〈자료 1〉 전쟁 원칙Principles of War

군사력을 구성하는 다양한 요소는 독자적으로 작동하며, 또한 각자의 잠재력을 강화하는 방향으로 결합한다. 예를 들면, 공군은 육군과 해군이 반드시 달성해야 할 임무수행 중 일부를 용이하게 지원할 수 있다. 반면에 육군과 해군은 공군이 가지고 있지 않은 주둔 및 유지하는 힘staying power을 행사한다. 군사력이 독자적으로 사용되는 경우는 거의 없는데, 이 힘은 외교, 정보, 경제 혹은 재정 분야와 밀접하게 결합되어 작용한다. 민주주의 사회에서는 군사 지도자가 이와 같은 다양한 요소를 직접 통제하지 않는데, 이러한 현상은 다른 종류의 사회에서도 비슷하다. 어떤 경우이건, 전략가는 이러한 요소들이 독자적으로 혹은 다른 요소들과 결합하여 작동하는가를 명확하게 이해해야 한다.

군사전략의 형태는 다양하다. 역사적으로 가장 일반적 형태의 군사전략은 섬멸殲滅/annihilation, 마비痲痺/dislocation, 소모消耗/attrition, 소진消盡/exhaustion, 강압强壓/coercion, 억제抑制/deterrence, 테러와 테러리즘terror and terrorism, 참수斬首/decapitation, 표적살해標的殺害/targeted killing 등이다. 이들 각각에 대해서는 뒤에서 자세하게 살펴볼 것이다.

섬멸annihilation과 마비dislocation는 군사전략이 추구하는 '이상적 결과'를 달성할 수 있는 것인데, 최소의 인명손실과 경제 손실로 신속하게 승리를 거두는 것이다. 이 두 개의 전략은 서로 연계되어 작동하기 때문에 실제 상황에서 이들을 구분하는 것은 쉽지 않다. 굳이 구분하자면, 섬멸은 하나의 전투battle나 신속하게 진행되는 전역campaign에서 상대방 전투력의 물리적 감소를 추구하는 반면, 마비는 예상치 못한 기동이나 기습으로 혼란을 야기한 뒤 상대방의 싸우려는 의지를 감소시키는 것이다. 이 두 가지 개념은 양익포위와 일익포위, 작전속도 증가와 같은 작전기동을 통해 구체화된다.

소모attrition와 소진exhaustion는 바로 위에서 제시한 두 가지 개념과 정반대로 진행된다. 소모는 상대방의 물리적 전투능력을 감소시키는 것이며, 소진은 상대방의 싸우려는 의지를 헐어내리는 것이다. 이 두 가지 개념도 유사하여 실제 상황에서는 구분하기가 쉽지 않으나, 이들의 근본적 차이는 다음과 같다. 소모는 상대방의 저항의지가 강하며, 상대방의 물리적 능력이 제거되기 이전에는 포기하지 않을 것이라는 가정에 근거한다. 반면에 소진은 상대방의 저항의지가 강하지 않으며, 또한 저항하려는 능력이 모두 파괴되기 이전에 저항의지가 붕괴될 것이라고 가정한다. 섬멸과 마비전략과 달리, 소모와 소진전략에서는 적을 제압하는 과정에 오랜 시간이 소요될 수 있다. 따라서 이 전략은 다수의 국가가 선택하는 바람직한 전략은 아니다. 왜냐하면 이 전략을 채택하기 위해서는 국가의 막대한 물리적 능력 소모를 감수해야 하며, 국민의 사기가 장기간 긴장상태로 유지되기 때문이다. 하지만 이들은 매우 중요한데, 많은 전략이 이 두 가지 전략 중 하나로 귀결되기 때문이다. 게다가 이 두 가지 전략을 모두 피하는 것이 항상 가능한 것도 아니다. 따라서 전문가들은 소모와 소진이 군사전략의 본성을 가장 잘 반영한 것으로 평가하기도 하는데, 그 이유는 이들에서 군사전략에 내포된 파괴적 성향이 잘 드러나기 때문이다. 그러한 맥락에서 다른 전략들은 소모와 소진의 변형에 불과하다고 평가한다.

강압coercion과 억제deterrence는 전시와 평시에 모두 적용할 수 있는 군사전략의 기본 형태이다. 전쟁이 발발하면 이 두 가지 전략 중

하나 혹은 두 가지 모두의 평시 형태가 실패했음을 의미한다. 강압
은 상대방에게 무엇을 이행하도록 강요하는 것이며, 반대로 억제는
상대방이 무엇인가를 하지 못하도록 막는 것이다. 이들은 평시와
전시 상황에 모두 구사할 수 있는 근본적 변동요소로 구성되며, 이
들의 범위는 위로는 외교에서부터 아래로는 전술에 이른다. 이 두
가지 전략을 다루는 방대한 문헌 중에서 이들을 연계된 하나의 다
이내믹dynamic으로 이해하는 것은 많지 않다. 군사전략의 관점에서
볼 때, 적에게 무엇을 하도록 강요하는 것만으로는 충분하지 않으
며, 대부분의 경우 적이 어떤 행동을 취하지 못하도록 억제하는 것
도 함께 고려해야 한다. 대對테러전과 대對반란전 전역은 강압과 억
제가 연계된 상황이 적용되는 현대적 사례이다. 이 두 가지 전략의
목표는 적대적 테러리스트 조직이나 반군을 무력화시키는 것이지
만, 이러한 방법만으로는 이들 조직에 유입되는 사람들까지 저지하
기는 힘들다.

테러와 테러리즘terror and terrorism은 공포를 조장하여 목표달성
을 추구하는 전략개념이다. 테러전략에는 적의 주요지역에 대한 공
중폭격을 감행하여 적 국민이 평화를 갈구하도록 자극하는 것도 포
함된다. 테러리즘 전략은 다양한 모습을 가지고 있으나, 일반적으
로 누군가의 행동에 변화를 강요하기 위해서 특정 대상 혹은 다수
의 비전투원에게 공포를 주입하는 것이다. 테러와 테러리즘은 모두
강압적인 측면을 가지고 있지만, 이들은 모두 실행에 옮기지 않도
록 한다는 점에서 억제하는 측면도 가지고 있다. 그런데 테러리즘

을 전략a strategy으로 볼 것인지, 아니면 전술a tactic로 이해해야 할 것인지에 대해서는 학문적 논쟁이 진행되고 있다. 최근 연구들은 테러 전술terror tactics을 장기간 적용하여 대중의 인식을 유도하고, 또한 이들의 행동변화에 영향을 줄 수 있다는 측면을 고려하여 전략으로 평가하기도 한다.

참수decapitation와 표적살해targeted killing는 21세기에 접어들어 활용빈도가 급격하게 증가하였는데, 이들은 원격조종 차량이나 드론drone의 생산 증가와 연관된다. 참수와 표적살해는 각각 마비와 소모에서 파생 및 발전된 개념이다. 참수는 상대 조직의 지도자를 제거함으로써 조직 전체를 마비시키거나 붕괴하려는 시도이다. 표적살해는 상대 조직의 구성원을 체계적으로 제거하는 것인데, 이 경우 제거대상은 핵심 지도자로 한정하지 않는다. 이 두 가지 전략은 실효성과 윤리적 측면에 대한 문제제기로 인해 논란거리가 되고 있다.

군사전략의 대상 영역에 사이버 공간이 등장한 것은 가상 유비쿼터스ubiquitous 기술이 군사전략의 실행을 어떻게 바꿔놓을 수 있는가를 잘 보여준다. 미래주의자 레이 커즈웨일Ray Kurzweil은 2003년에 "21세기에는 20세기에 비해 약 1,000배가 훨씬 넘는 양의 기술변화를 경험하게 될 것이다"라고 예측한 바 있다. 그의 예측이 향후 다가올 혁신의 일부에 한정되는 것이라고 하더라도, 그는 기술의 변화가 가져오는 영향이 광범위하고 심오할 것이라고 강조하였다.

과학기술은 군사전략을 실천하는 중요한 요소인데, 그 이유는 과학기술이 군사전략을 구사하는 이들의 수단과 직결되기 때문이다. 수단은 방법에 영향을 미치며, 인간의 활동범위에도 영향을 준다. 그런데 반드시 짚고 넘어가야 할 것은 어떻게 한쪽이 특정기술을 활용하여 상대방의 능력을 압도할 수 있는지에 대한 의문이다. 바이오 테크놀리지biotechnology와 나노 테크놀리지nanotechnology는 현재 부각되고 있는 분야이며, 이들은 조만간 전략의 실행을 바꿔놓을 것이다. 반면 사이버 공간은 이미 전략 실행에 많은 변화를 가져오고 있다. 오늘날의 전략가들은 과거로부터 진행 중인 '사이버 전쟁cyber war'의 발생가능 여부에 대한 논쟁은 고민할 할 필요는 없다. 다만 이들은 사이버 전략을 확보 및 유지하는 것, 그리고 군사전략에 사이버전 요소를 포함시키는 것에 대해서 고민해야 할 것이다.

군사전략을 성공적으로 실행하기 위해서는 매번 전쟁이나 분쟁을 하나의 단계a phase나 전역a campaign으로 구분해야 하는데, 이것의 총합은 전쟁의 목적을 달성하는 순간 종합된다. 군사전략을 실행함에 있어서 마비 전역의 일부로 포위와 섬멸을 추구하는 전투를 구상할 수 있는데, 반대로 그것은 적을 강압하여 우리가 내세운 조건을 수용하도록 하는 소모와 소진전략에 기여하는 것일 수 있다. 달리 말하면, 장군의 術/art과 업무business는 각각의 전략이 개별적으로 작동하거나 혹은 서로 조합하여 최상의 효과를 낼 것인가에 대한 이해여부와 밀접하게 연관되기 때문이다.

참고문헌

- 클라우제비츠의 전략 개념은 Carl von Clausewitz, *On War*, translated by Michael and Peter Paret(Princeton, NJ: Princeton University Press, 1986), 177쪽을 참고할 것.

- 조미니의 전략 개념은 Antoine Henri Jomini, *The Art of War*, translated by H. Mendell and W. P. Craighill(1862; repr., Westport, CT: Greenwood, 1971), 62쪽을 참고할 것.

- 리델하트의 전략 개념은 B. H. Liddell Hart, *Strategy*(New York: Praeger, 1967), 321–28쪽을 참고할 것.

제2장. 섬멸전략과 마비전략
Annihilation and dislocation

손자는 "전쟁에서는 승리하는 것을 귀하게 여기되, 오래 끄는 것을 귀하게 여기지 않는다. … 승리를 하더라도 오래 끌면 무기가 무뎌지고, 병사들의 사기가 떨어진다"[10]고 주장하였다. 모든 군대는 신속한 승리를 추구 하는데, 군사전략으로서 섬멸과 마비는 신속한 승리를 달성하는 고전적 방법이다. 섬멸전략은 한 번 혹은 몇 차례 중요한 전투에서 거둔 승리를 통해 적의 물리적 전투력을 현저하게 축소 혹은 제거하고자 한다. 대체로 이 전략을 채택한 전투에서는 적을 에워싸거나 측면포위를 시도하여 승리한다. 아래에서 자세하게 논의하는 사례는 BCE 216년에 칸나에Cannae 평원에서 한니발이 로마군을 상대로 거둔 승리, 1805년에 나폴레옹이 오스트리아와 러시아군을 상대로 거둔 승리와 1806년에 프로이센을 상대로 거둔 승리, 1898년에 미국 해군이 마닐라 만과 산티아고 만에서

10) "兵貴勝병귀승 不貴久불귀구, … 勝久승구 則鈍兵挫銳즉둔병좌예," 『손자병법』 「作戰」편.

스페인 함대를 격파시킨 전투 등이다. 이들은 모두 포위와 섬멸이 사용된 전형적 사례이다. 20세기의 유명한 장군으로 알려진 에르빈 롬멜Erwin Rommel[11]과 노먼 슈워츠코프Norman Schwartzkopf[12]도 고대의 칸나에 전투와 비교될 만큼 유명한 전투를 지휘했던 사령관이었다. 그런데 칸나에 전투는, 비록 전투에서는 카르타고 군대가 승리했으나, 이후 포에니 전쟁에서 로마가 카르타고를 물리친 사례로 유명하다. 로마는 칸나에 전투의 패배를 극복한 이후 14년 뒤에 자마 전투Battle of Zama에서 카르타고를 물리쳤다.

섬멸전략의 목적이 저항하는 적의 물리적 능력을 파괴하여 승리하는 것이라면, 마비전략은 예측하기 어려운 기동을 통해서 기습하거나 상대방을 타격하여 심리적 균형을 흩트린 뒤 승리하는 것이다. 마비전략의 대표적인 사례는 아래에서 논의할 1940년에 히틀러가 프랑스 전역에서 시도했던 전격전blitzkrieg을 들 수 있다. 당시 독일은 영국과 프랑스에 비해 우수한 기술을 보유하지도 않았으며, 전투지휘 면에서도 그다지 탁월하지 않았다. 그러나 독일군은 당시의 전문가들조차 기계화 부대가 관통하기 힘들 것이라고 생각하던 아르덴느 삼림森林 지대를 관통하여 공격함으로써 기습을 달

---

11) 에르빈 롬멜(Erwin Rommel, 1891~1944)은 제2차 세계대전에서 활약한 독일군 장군이며, 전차 등 기계화 부대를 이끌고 프랑스 전투(1940), 북아프리카 전역(1941~1942) 등에서 활약하였다.

12) 노먼 슈워츠코프(Norman Schwarzkopf, 1934~2012) 미국 육군 대장은 제1차 걸프전쟁(the First Gulf War, 1990~1991)에서 다국적군을 지휘하여 이라크 군대를 격파하고 쿠웨이트를 해방시켰다.

성하였고, 이후 연합군의 방어정면 중 준비가 부족한 지점을 타격하여 승리하였다.

섬멸전략이나 마비전략을 실행하는 과정에 반드시 대량살육이나 완전파괴가 필요한 것은 아니다. 때로는 파괴가 필요하지 않을 수도 있는데, 왜냐하면 적의 대형을 포위하거나 꼼짝 못하게 함으로써 조성되는 충격효과로 인해 더 많은 병력의 항복을 유도할 수 있기 때문이다. 이와 같은 전략을 추구하기 위해서 군대는 높은 훈련수준과 효과적 지휘, 복잡한 기동을 원만하게 수행할 수 있는 탁월한 작전수행 능력을 보유해야 한다. 손자가 주장했던 것처럼, "군대의 기동에는 이점利點과 위험危險이 모두 수반된다."[13] 어떤 행동에 큰 이익이 달려있다면, 커다란 손해와 위험이 수반되는 것은 당연하다.

---

13) "軍爭爲利군쟁이리 軍爭爲危군쟁이위,"『손자병법』「軍爭」편.

섬멸Annihilation

칸나에 전투는 양익포위에 의한 섬멸에 성공한 전형적 사례이다. 군사 전문가들은 대부분 이 전투에 익숙하며, 각국 사관학교와 참모대학의 전술과 전략을 다루는 과목에서 이 사례를 가르친다. 그런데 이처럼 유명한 전투에도 불구하고, 카르타고는 칸나에 '전투의 승리'를 궁극적으로 '전쟁의 승리'로 연결시키지 못했으며, 결국 로마에게 패배하고 말았다. 칸나에 전투에서 한니발 장군이 지휘하는 50,000명 규모의 카르타고 군대가 상대한 적은 카이우스 티렌티우스 바로Caius Terentius Varro 장군이 지휘하는 80,000명 규모의 로마군이었다. 이 전투가 시작될 당시 로마군은 병력 규모에 비해서 상당히 좁은 지역에서 대형을 편성하였다. 이와 같은 로마군의 약점을 간파한 한니발 장군은 정면에서 적의 공격을 유도하였는데, 자신이 고올족 출신 경기병이 배치된 병력의 중앙에서 직접 부대를 지휘하였다. 이때 아프리카 출신의 경험 많은 중보병이 양 측방에서 대형을 갖추었다.

로마군 지휘관 바로 장군은 대형 중앙에서 카르타고군에 대한 공격을 개시함으로써 한니발 장군의 의도에 걸려들었는데, 한니발이 준비해놓은 올가미 속으로 선두부대를 밀어 넣고 말았다. 전체적으로 로마군이 중앙에서 앞으로 진격하는 사이에 카르타고군 경보병輕步兵이 후퇴하는 양상으로 전개되었다. 이때 카르타고군 중보병重步兵이 로마군을 양측방에서 접근하여 압박했으며, 동시에 로마 기병을 멀리 쫓아낸 카르타고 기병이 나타나서 로마군 대형을 후방에서 공격하였다. 이로써 포위망이 완성되었다.

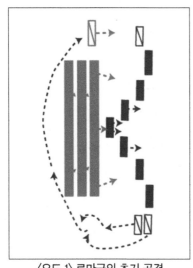
〈요도 1〉 로마군의 초기 공격

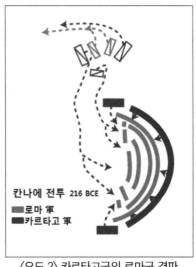
〈요도 2〉 카르타고군의 로마군 격파

☞ 칸나에 전투에서 한니발 장군은 성격이 급한 로마군 지휘관 바로 장군의 정면공격을 유도하기 위해 부대를 배치하였다. 카르타고군 중앙이 후퇴하자, 로마군이 점점 깊게 밀고 들어왔다. 이때 카르타고군 대형 양측에 배치된 중보병과 기병이 진격하여 포위망을 형성하였다. 칸나에 전투는 포위전술을 사용하여 적을 섬멸한 대표적인 사례이다.

로마 군대는 좁은 공간에 갇혀서 제대로 전투대형을 갖추지 못했으며, 전투를 수행할 수 있는 정렬된 전선을 형성할 수도 없었다. 따라서 두 군대 사이의 전투는 시작되자마자 일방적으로 카르타고군에게 유리하게 전개되었다. 아침에 시작된 전투는 오후가

되자 로마군에 전사자 50,000여명과 포로 20,000여명 정도의 인명손실이 발생했다. 약 10,000여명은 카르타고군의 포위망을 뚫고 탈출하였는데, 여기에는 총사령관 바로 장군도 들어있었다. 한니발 장군이 지휘했던 카르타고 군대에도 약 6,000여명의 인명손실이 발생했는데, 이 숫자는 전체 병력의 약 12%에 해당한다. 이 외에도 알려지지 않은 숫자의 부상자가 발생했다. 이처럼 칸나에 전투의 승리에는 많은 손실이 뒤따랐으나, 한니발 장군은 이 승리를 통해서 로마를 협상 테이블로 끌어올 수 있을 것이라고 기대했다. 칸나에 전투를 치렀을 시점까지 한니발은 약 2년 동안 로마를 상대로 원정작전을 펼쳤는데, 당시까지 전투에서 발생한 로마의 인명손실은 약 100,000명에 달했다. 이 숫자는 당시 로마 인구 중 병역에 종사할 수 있는 남자의 약 10%에 해당하는 수치였다.

그런데 한니발 장군의 기대와 달리, 로마는 절박하고 처절한 순간에 당한 칸나에 전투의 패배에도 불구하고 항복하지 않았다. 충분하지 않지만 당시의 역사 자료를 통해서 알 수 있는 것은, 이 시기에 한니발이 추구했던 전략은 로마에 대한 파괴가 아니라 로마의 힘과 영향력을 감소시키는 것이었다. 한니발은 이러한 전략을 통해서 제1차 포에니 전쟁BCE 264~241에서 패배한 이후 추락한 카르타고의 위상과 영향력을 회복하려 하였다. 역사가들은 칸나에 전투 직후 한니발 장군이 다음과 같은 두 가지 협상조건을 제시하려 했던 것으로 해석한다. 첫 번째 조건은 로마로부터 배상금을 받는 것이며, 두 번째 조건은 시실리Sicily와 코르시카Corsica를 포함한 지중해 내 카르타고 영토의 반환이었다. 그러나 한니발의 기대와 달리, 로마 원로원은 협상에 응하지 않기로 결정하였다. 그 이유는 한니발이 제시한 협상조건이 로마가 통상적으로 패배자에게 부과하는 것보다 훨씬 가혹할 것으로 예상했기 때문이거나, 혹은 당시 로마인은 전쟁에서 입은 심각한 손해에 대해 협상이 아닌 복수가 필요하다고 판단했기 때문이었다.

이유가 어찌 되었건 간에, 한 차례의 결정적 승리를 통해 로마를 굴복시킬 수 있다고 판단했던 한니발의 예상은 잘못된 것으로 판명되었다. 칸나에 전투로 인해서 로마와 카르타고 사이의 전쟁 전체의 승패가 결정된 것은 아니었으며, 특히 이 전투의 전략적 효과가 크지 않았던 것은 한니발의 계산착오에서 비롯된 것이었다. 실제로 칸나에 전투의 승리로 인해 한니발은 그 이전에 비해 유리한 전략적 입장을 차지할 수 있었다. 예를 들면 이 전투 직후 몇몇 그리스 식민지와 이탈리아 도시국가가 카르타고 측에 가세했으며, 이로 인해서 한니발 군대는 장차 작전에 활용할 수 있는 보급과 작전기지를 확보하였다. 한니발은 새롭게 획득한 기지를 포함한 방어에 전념했으며, 이후 로마 군대가 새로운 병력을 획득하는 속도와 거의 비슷한 속도로 병력확보를 추진하여 대체적으로 전략적 균형을 이룰 수 있는 상황이 전개되었다.

한편 한니발이 칸나에 전투의 거둔 승리를 통해 이루고자 했던 모든 것을 얻은 것은 아니었다. 전략적으로 평가할 때, 칸나에 전투에서 승리한 이후 카르타고는 전쟁의 다음 단계로 진행하는 과정에서 유리한 상황을 조성한 것은 분명했다. 그런데 칸나에 전투 이후의 전쟁양상이 주변 동맹국에 영향력을 행사하여 끌어들이는 형태의 지구전 양상으로 전개되었다. 확실한 것은 한니발의 초기 군사전략은 상대방에 대한 잘못된 가정에 기반하여 추진되었으며, 또한 그것이 잘못된 것으로 판명된 뒤에도 한니발이 이를 해결할 수 있는 적절한 대안을 제시하지 못한 점이다. 훗날 로마의 역사가 리비Livy가 주장했듯이, 소위 '한니발의 오류the Hannibalic Fallacy'라고 알려진 그의 실수는 결정적 전투에서 승리한 효과를 극대화시키지 못한 것이 아니라, 로마의 차후 행동에 대한 예측 실패에 기인한다. 구체적으로 살펴보면, 한니발이 실패한 것은 로마가 아프리카로 팽창하도록 방관한 것이며, 또한 지중해에 대한 영향력 강화를 예측하지 못한 것이었다.

포위와 섬멸전략으로 전쟁의 승리를 달성한 또 다른 사례는 나폴레옹의 울름Ulm 전역이다. 1805년 가을에 시작된 이 전역에서 나폴레옹은 칼 마크 폰 레이버릭Karl Mack von Leiberich 장군이 지휘하는 오스트리아 군대를 상대로 승리하였다. 당시 나폴레옹은 오스트리아와 러시아 연합군을 상대하여 군사작전을 펼치는 것보다는 이들을 개별적으로 상대하는 것이 유리하다고 판단하였다. 따라서 그는 먼저 오스트리아 군대를 공격하기로 결심했는데, 당시 수집된 정보로는 러시아군이 몇 주 후에야 전장에 도달할 것으로 예상하였다. 따라서 나폴레옹은 오스트리아 군대를 고착견제하기 위해서 약 40,000여명의 병력을 라인강을 건너 스트라스부르크Strasbourg

로 보냈으며, 그 사이에 프랑스군 주력 160,000명은 인골스테트 Ingolstadt와 뮨스터Munster 사이에서 다뉴브 강을 건너 남쪽과 동쪽을 향해 진격하였다. 전체적으로 볼 때, 전방이 고착된 오스트리아 군대를 후방에서 압박하는 형상이었다.

〈요도 3〉 울름 전역

☞ 나폴레옹은 프라이브르크Freiburg와 바덴Baden 사이에서 라인강을 건너 마치 프랑스군 주력이 정면에서 공격하는 것처럼 오스트리아군을 기만하였다. 그러나 실제로 프랑스군 주력부대는 오스트리아 군대의 약점인 측방과 후방을 향해 우회기동 중이었다. 울름 전역은 광정면에서 실시된 섬멸전투의 대표적 사례이다.

나폴레옹이 구사한 이와 같은 기동으로 인해 마크 장군과 비엔나 사이의 병참선이 차단되었고, 오스트리아군 최고사령부가 극도의 혼란에 빠졌다. 마크 장군은 프랑스군의 포위망을 돌파하기 위해서 노력하였으나, 이러한 시도는 매번 실패로 끝났다. 결국 마크 장군은 1805년 10월 20일에 항복하였는데, 항복 당시 병력은 27,000명이었고, 곧 이어 또 다른 30,000명도 항복하였다. 프랑스군이 포위기동하여 오스트리아군을 신속하게 섬멸하였으며, 이후 나폴레옹은 다가오는 러시아군을 맞서 싸우기 위한 재편성과 대비에 나섰다. 그리고 1805년 12월 2일에 프랑스군은 아우스터리츠 Austerilitz에서 또 다른 대승을 거두었다. 나폴레옹이 울름과 아우스터리츠에서 거둔 승리로 인해 오스트리아 군대와 러시아 군대는 큰 타격을 입었으나, 두 차례의 승리를 통해 프랑스가 오랫동안 평화를 유지할 수 있었던 것은 아니었다. 한니발의 사례에서와 마찬가지로, 이러한 결과는 군사전략의 실패 때문이 아니라 대전략의 실패에서 야기된 문제였다. 나폴레옹은 군사전략 차원에서는 천재성을 발휘하였으나, 대전략 차원에서는 전략적 탁월함을 기대할 수 없었다.

울름 전역에서 프랑스 군대가 승리할 수 있었던 이유는 나폴레옹의 뛰어난 작전지휘뿐만 아니라 나중에 자기 스스로를 '불운不運/misfortune'하다고 생각했던 마크 장군의 실수, 특히 판단착오 때문이었다. 마크 장군의 불운에는 명확하게 확인된 정보가 아니라 확인되지 않은 소문에 기초하여 군대를 지휘한 실책이 결정적 영향을 미쳤다. 그는 불확실한 정보보고에 근거하여 수차례 불안한 결정을 내렸다. 심지어 마크 장군은 한 때 프랑스군 전체가 전면퇴각하고 있다는 잘못된 정보에 현혹된 적도 있었는데, 그가 나폴레옹의 작전의도를 제대로 간파한 순간에는 이미 승패가 결정된 이후였다.

마크 장군은 동맹국 러시아 군대가 어디에서 기동하고 있는지 조차도 파악하지 못한 상태였다. 반면 나폴레옹이 지휘하는 프랑스군은 효율적 작전수행이 가능한 다양한 수단을 보유하였다. 당시 상황에서 프랑스 군대의 훈련수준은 오스트리아 군대에 비해 월등한 편이었고, 부대지휘 면에서도 훨씬 뛰어났다. 당시 프랑스 군대는 나폴레옹이 구상하는 복잡한 형태의 기동을 원활하게 수행할 수 있을 정도로 우수한 작전수행 능력을 보유하였는데, 만약 마크 장군이 지휘하는 오스트리아군이 프랑스군 위치에서 동일한 작전을 시도했더라면 프랑스군의 절반도 따라가지 못했을 것이었다.

나폴레옹이 보여준 탁월한 지휘력과 프랑스 군대의 높은 훈련수준이 섬멸전략 수행에 반드시 필요한 유일한 요소는 아니다. 군사기술력에서 큰 격차가 발생할 경우 기술수준이 높은 쪽이 열등한 상대를 일방적으로 압도할 수도 있다. 기술력의 불균형으로 인해 전력 격차가 발생한 대표적인 사례는 1898년 5월 1일 필리핀 마닐라 만에서 시작된 미국의 아시아 함대the US Asiatic Squadron와 스페인 함대 사이의 해전을 꼽을 수 있다. 이 전투는 1898년 7월 3일에 쿠바의 산티아고 만灣에서 시작된 미국 함대와 스페인 함대 사이에서 발생했다. 마닐라 만에 배치된 스페인 함대는 약 40척의 함정을 보유하였으나, 근대식 전함은 전무全無했다. 반면 7대의 함정을 보유한 미국 함대는 함정 숫자가 부족했고, 적 해안포대로부터 사격을 받았으며, 바다 밑에는 스페인이 설치한 기뢰로 인해 기동도 제약을 받았다. 하지만 미국 함정들은 신속하게 기동하여 적의 함선을 속수무책으로 만든 뒤 효과적 사격으로 제압하였는데, 전투가 시작되자 빠른 기동력을 보유한 미국 함정은 스페인군의 사격을 모두 회피하였다. 이와 비슷한 상황은 쿠바의 산티아고 만에서도 반복되었다. 미국 해군의 근대화된 신식함대가 산티아고 만에서 탈출하는 과정에서 (4대의 순양함과 2대의 구축함으로 구성된) 스페인 함대를 손쉽게 격파하였다. 전장에서 자주 강조되는 '용맹'이나 '기교' 등 눈에 보이지 않는 요소의 효과는 크지 않으며, 이들이 양측에 작전수행에 미치는 영향도 큰 차이가 없었다. 반면 미국 함정이 스페인 함선에 비해 보유한 기술우위의 효과는 압도적이었으며, 이에 따른 결과는 입증 가능한 수준이었다. 그런데 이 경우에도 미국 해군이 스페인 함대를 상대로 거둔 압도적인 군사적 승리만으로는 스페인 정부를 평화협상으로 이끌어낼 수 없었다. 스페인 정부가 항복하기로 결정한 시점은 미국 육군이 마닐라와 산티아고에서 스페인 지상군을 포위한 이후였다.

마비Dislocation

마비의 가장 유명한 사례는 널리 (그러나 대체로 잘못) 알려진 제2차 세계대전 초기에 전개된 '전격전blitzkrieg/lightning war' 혹은 기동전이다. 공식적으로는 '전격전'이라는 명칭의 교리는 존재하지 않았다. 당시 독일군은 이론뿐만 아니라 실제에서도 진지전 Setllungskrieg/a war of position이 아닌 기동전Bewegungskrieg/a war of movement을 추구하였다. 1920년대에 독일 육군은 제1차 세계대전 중 서부전선에서 벌어졌던 교착된 전선에서의 진지전을 다시 수행하는 것은 바람직하지 않으며, 장차 다가올 전쟁에서는 이와 같은 양상은 반드시 피해야 한다고 판단하였다. 대신 독일 육군은 1870~71년 전쟁에서 프랑스를 상대로 승리를 거두었을 때 결정적 역할을 했던 전쟁원칙으로 복귀하기로 결정했다. 이러한 원칙 중에서 핵심은 멈추지 않고 전방으로 기동하는 정신, 즉 중단 없는 전투 혹은 'Schlacht ohne Morgen아침이 오기까지 멈추지 않고 전투하는 것' 이었다. 기동을 주축으로 한 전쟁이 추구하는 목표는 일단 적 방어선 돌파에 성공하면, 그 다음에는 쉬지 않고 적 후방 깊숙하게 기동함으로써 적의 균형을 깨트리는 것이었다. 또한 지속적으로 공격하여 주도권을 확보하고, 상대방이 견고한 방어선을 구축할 수 있는 시간적 여유를 허용하지 않는 것이었다.

그런데 이 시기에 독일군에는 기동전을 수행하기 위해서는 공군과 지상부대, 전방부대와 후방부대, 작전부대와 병참부대, 상급 및 하급제대의 본부를 연결할 수 있는 확실한 통신수단이 필요했다. 상급부대와 통신이 두절된 경우에도 독일군 지휘관은 (전체적으로 기동전의 틀frame 내에서) 주도적 작전을 수행했다. 또한 이들은 상급부대와 단절된 상황에서 제대로 명령이 하달되지 않은 경우에도 독자적으로 행동했는데, 많은 사례에서 기동전술이 적용되었다. 한편 신속하게 진행되는 작전의 속도에 보조를 맞춰 병참지원도 이뤄져야 했는데, 좁은 정면에 대한 돌파를 시도하기 위해 넓은 정면에서 전진을 포기하기도 했다. 포위와 섬멸의 전투개념은 기동전의 기본원칙에 쉽게 접목되었다. 당시 몇몇 분석가와 종군기자들이 목격했던 것처럼, 독일군이 구사한 전격전은 대규모 병력동원에 의존하지 않고 기습의 원칙에 근거하였다.

독일이 거둔 초기 승리는 상대방이 예상치 못한 방식으로 독일군 부대가 전술을 구사하였고, 이에 대한 상대방의 대비가 전혀 이뤄지지 않았기 때문에 달성된 것이었다. 1940년 봄에 발생한 프랑스군의 붕괴에서 이와 같은 상황을 잘 파악할 수 있다. 독일군 주공은 아르덴느 삼림지대를 관통하여 진격하였는데, 대규모 기갑부대 기동이 불가능하다고 알려진 이곳에 배치된 프랑스군 방어병력은 많지 않았다. 그 결과 프랑스 내부를 관통하기 시작한 독일군은 불과 10여일 만에 대서양에 도달했으며, 이를 통해 수십만 명의 프랑스군, 영국군, 벨기에군의 병참선과 보급이 마비되었다. 독일군 선두부대가 대서양에 도달한 지 몇 시간 후 프랑스의 폴 레이노 Paul Reynaud 수상은 의회에 출석하여 다음과 같이 보고하였다. "(오늘의 충격적 패배는) 우리가 기존에 가지고 있던 '오래된 전쟁개념'에 기인한다." 그가 직접 언급하지 않았지만, '오래된 전쟁개념'이라는 표현을 통해서 우회적으로 암시한 '새로운 전쟁개념'은 "중기갑사단을 집단적으로 운용하며, 지상군과 공군의 협조를 중시하고, 적 후방에 공수부대를 낙하시키고, (정보원을 파견하여) 잘못된 정보를 유포하며, 전화로 정부기관에 잘못된 명령을 내려서 혼란을 야기하는 것" 등이었다. 레이노 수상은 "현재 상황에서 가장 중요하고 필요한 것은 '명확한 생각clear thinking'입니다. 우리는 눈앞에 직면하고 있는 새로운 형태의 전쟁을 생각think해야 하며, 이에 대해 즉각적 조치를 취해야 합니다"라고 주장하였다. 그는 '새로운' 형태의 전쟁을 처리하기 위해서 '명확하게 생각'해야 한다고 강조하였는데, 그의 연설을 통해서 당시 프랑스 최고사령부가 마비전략의 의미를 어떻게 이해하고 대처했는지를 파악할 수 있다.

독일군이 프랑스 전역에서 승리할 수 있었던 이유는 독일 육군의 지휘구조와 작전 대응속도가 프랑스군에 비해 상대적으로 신속하게 반응했기 때문이었다. 신속한 기동전이 전개되는 유동적 상황에 프랑스 육군보다 독일 육군이 빠르고 효과적으로 적응했기 때문이었다. 독일군이 가지고 있던 이러한 장점은 '상대방의 의사결정 과정에 침투하는 것'과 유사한 것인데, 이 개념은 미국 공군 조종사 출신의 군사 이론가 존 보이드John R. Boyd가 처음으로 제시한 뒤,

이후 널리 사용되고 있다. 그는 공군 조종사로 6 · 25전쟁에도 참전하였으나, 적 전투기와 직접 교전한 경험은 없었다. 그가 발전시킨 이 이론은 다양한 학문을 통해 연구한 결과이며, 또한 전쟁의 승리와 패배를 포괄적으로 이해하기 위한 것이지만, 그의 이론 중에서 가장 주목받는 것은 'OODA 순환체계Loop'였다. 'OODA 순환체계'란 관측observe, 지향orient, 결정decide, 행동act의 영어 첫 글자를 따온 것인데, 이것은 전투기 조종사가 어떤 결정에 도달하는 과정과 절차를 가리킨다. 즉 상황을 관측하고, 적을 지향하며, 어떤 행동을 취할 것이지 결정하며, 실행에 옮기는 전체과정을 가리킨다.

〈요도 4〉 프랑스 전역

☞ 제2차 세계대전 초기에 독일의 프랑스 공격은 연합군을 혼동에 빠뜨렸으며, 예상치 못했던 방향, 즉 "통과 불가능한impassible" 것으로 알려진 아르덴느 삼림지대를 관통하여 전개된 공격으로 인해 연합군의 병참선과 보급이 차단되었다. 아르덴느 전역은 마비 전략을 가장 잘 보여주는 사례이다.

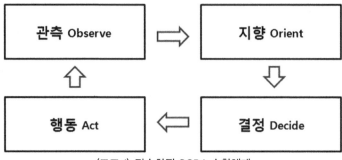

<도표 1> 단순화된 OODA 순환체계

☞ 보이드가 제시한 OODA 순환체계는 인간행동 이면의 기본적 사고과정을 다루고 있다 – 인간은 어떤 일이 발생하는 것을 관측observe하고, 그것을 지향orient하며, 이에 대해 어떻게 대처할 것인가를 결정decide한 이후, 행동act에 옮긴다. 이와 같은 의사결정 단계와 절차가 상대보다 빠를수록 유리하다.

　　보이드는 이 순환체계가 모든 형태와 수준의 전쟁 (혹은 사업과 같은 경쟁을 근간으로 하는 분야)에 적용할 수 있으며, 경쟁자에 비해 이 순환체계를 신속하게 운용하는 지휘체계를 갖추고 있는 쪽이 유리하다고 주장하였다. 복잡하고 느린 지휘구조를 가진 군대가 모든 조건이 바뀌어서 이제 더 이상 존재하지도 않는 상황을 처리하기 위해 뒤늦게 대처하는 경우를 종종 볼 수 있다. 이러한 행동은 완전히 무의미한 것이 될 수도 있다. 몇몇 역사가는 1940년의 프랑스군 지휘부가 보여준 결정과 행동이 이처럼 때늦은 조치의 연속이었다고 평가하는데, 독일의 행동에 대한 프랑스의 대응이 지나칠 정도로 늦었던 것은 사실이다.

　　1970년대와 1980년대의 기동전 이론가들은 보이드의 순환체계 이론을 적극 수용하였다. 이 과정에서 이 이론은 공지전투空地戰鬪/

Air Land Battle라는 냉전시대에 유행했던 기동교리의 기초가 되었다. 또한 이 이론은 NATO군 방어정책의 근간을 이뤘으며, 제1차 걸 프전쟁(1990~1991)에서 다국적군이 승리할 수 있는 기반을 제공하 였다. 이러한 원리는 실험을 통해 입증된 기동개념을 중시한 것이 며, 여기에 현대 무기체계의 파괴 효과, 전장의 종심 깊게 화력과 기동을 동시에 융합할 수 있는 능력이 모두 포함되었다.

그런데 히틀러의 군대가 사용한 전격전 전술의 약점은 1941년 여름에 독일이 소련을 침공하는 과정에서 적나라하게 드러났다. 독 일 육군은 공격 초기에 소련군을 상대로 대규모 포위작전에서 성 공했고, 이 과정에서 백만 명 이상의 포로를 획득하였고, 수천대의 전차와 장갑차를 파괴하였다. 하지만 넓은 전투정면에서 작전을 수 행한 독일 육군은 부대와 장비 등 거의 모든 면에서 서서히 붕괴되 고 있었다. 특히 일부 지역에서는 포위된 소련군이 항복하지 않고 재빠르게 반격함에 따라 치열한 전투가 전개되기도 했는데, 전체적 으로 볼 때 독일군의 진격속도가 점차 둔화되었다. 이러한 양상은 마치 소모전처럼 전개되었다. 또한 시간이 흐를수록 선두 기갑부대 panzer units와 포위망을 처리하는 후속지원 보병부대 사이에 발생한 간격이 더욱 확대되었다. 독소전역에서 독일 육군은 최초 의도했던 수준 이상의 기계화와 자동화를 달성하지 못한 상태였다. 또한 단 기간의 강력한 공격작전에 대비하여 설계된 독일군의 병참체계도 광활한 지역을 대상으로 전개되는 소련에서의 작전수행에 필요한 많은 양의 지원요구를 감당해 낼 수 없었다.

섬멸과 마비전략을 정규전에 적용하는 데에는 큰 문제가 없다. 그러나 비정규전 세력을 대상으로 전쟁을 수행하는 경우에는 적이 광범위한 지역에 흩어져 있기 때문에 섬멸적 전투나 허를 찌르는 기동을 실행하기 힘들다. 비정규전을 추구하는 세력의 목적은 결정적 전투에서 제압되지 않는 것인데, 이는 헨리 키신저Henry Kissinger가 "정규군은 승리하지 못하면 지는 것이다. 그러나 게릴라들은 지지 않으면 이기는 것이다"라고 말한 것에서 알 수 있다. 그렇다고 해서 비정규전에서 섬멸전략이 전혀 적용되지 않았던 것은 아니다. 로마제국 군대는 수많은 반란을 신속하고 무자비하게 처리한 것으로 유명한데, 물론 이러한 조치가 항상 성공적인 결과를 가져온 것은 아니었다. 이와 유사한 양상은 19세기 후반에 미국 육군이 북미 대륙의 인디언 부족을 대상으로 실시한 소탕 및 소개疏開 작전에서도 유사하게 전개되었다. 이와 같은 작전에서 성공하기 위한 필수조건은 반란군이 더 큰 세력으로 규합하기 이전에 고립시키는 것이었다. 이 과정에서 반란군 지도자와 지지 세력을 동시에 체포하며, 이들의 활동에 필요한 병참기지도 소탕해야 한다. 그런데 로마군이 (그리고 이후 많은 군대가) 반복적으로 자행한 보복행위에는 항상 더 큰 규모의 보복이 뒤따랐다. 하지만 강력한 군사력이 동반되지 않는 상태에서 평화협상을 진행할 경우 마치 약점을 보이는 것처럼 인식될 수 있다. 그리고 상대방이 더욱 대담한 협상조건을 제시하거나, 과감한 군사행동을 전개하는 경우도 많았다.

마비와 "간접접근"Dislocation and "indirect approach"

1941년 영국의 군사 비평가이자 이론가였던 바실 리델하트B. H. Liddell Hart는 『간접접근 전략』*The Strategy of the Indirect Approach*이라는 저서를 발간하였는데, 그는 이 책에서 독특한 형태의 군사전략을 제시하였다. 간접접근間接接近/indirect approach의 기본 아이디어는 적이 예상하고 있거나 준비하고 있는 형태의 정면대결은 회피하고, 대신 적이 예상치 못했던 방식으로 마비시키거나 기습을 달성하는 것이다. 리델하트는 "역사를 돌이켜 보건대, 적이 예상하지 못해서 준비가 부족한 곳을 공격하는 간접접근 방식을 채택하지 않고는 전쟁의 목적을 효과적으로 달성한 경우가 거의 없었다. 일반적으로 '간접indirect'이란 물리적physical이었으며, 거의 대부분 심리적psychological이었다. 전략에서는 멀리 돌아가는 것이 가장 빠른 것이다In strategy, the longest way round is often the shortest way home[14]"라고 설명하였다.

리델하트가 '유혹과 함정lure and trap'라고 표현했던 간접접근 전략은 공격과 방어에 모두 적용 가능하다. 방어상황에서 방자는 함정이 설치된 곳으로 공자를 유혹하거나 역습할 수 있는 신축방어

---

14) 이 설명은 손자孫子의 '우직지계迂直之計'의 개념과 유사하다. 『孫子兵法』 「軍爭」 편.

elastic defense, 혹은 계산된 철수 등을 취할 수 있다. 공격상황에서 공자는 상대를 긴장시킬 목적으로 특정지역을 장악하기 위해 전진할 수 있는데, 이를 통해 적을 아군이 준비한 함정으로 끌어들일 수도 있다. 리델하트가 주장하는 간접접근 이론은 다음과 같은 두 개의 금언에 근간을 두고 있다. "강력한 적을 정면공격하는 것은 피해야 한다." "적을 타격하여 균형을 잃게 만드는 것은 공격이 시작된 이후가 아니라 전쟁이 시작되기 이전에 끝내야 할 문제이다." 이 금언은 19세기 후반에 발간된 대부분의 군사학 및 군사이론 서적에 자주 등장하며, 근대 무기체계의 파괴력을 감안하여 이를 회피하거나 중립화할 수 있는 방법을 강구하기 위한 것이었다. 특히 이 개념은 제1차 세계대전의 서부전선, 구체적으로는 1916년의 솜 전투the Battle of Somme에 참가한 경험이 있는 리델하트 자신이 직접 확인한 것이었다. 하지만 때로는 정면공격이 필요한데, 이들은 바람직하지 않을 수 있지만 효과적인 형태의 공격이 될 수 있다. 과연 적이 균형을 상실할 정도로 타격을 입은 것인지, 또한 그러한 상태가 얼마나 오랫동안 지속될 것인지에 대해서는 예측하기 어렵다. 그런 측면에서 볼 때, 마비는 일시적 현상이거나 혹은 대체로 적의 상급제대에 적용되는 개념이라고 할 수 있다.

리델하트는 자신이 주장한 이론을 구체화시키기 위해 고대로부터 현대에 이르는 적절한 사례를 선별하여 제시하였다. 그는 간접접근 전략이 언제, 왜 성공했는가, 그리고 왜 정면공격이 실패했는가를 설명하였다. 그는 자신이 선정한 모든 사례에서 간접접근의 정도와 승리의 정도가 비례한다는 것, 즉 심리적 기습과 마비의 크기가 크면 클수록 승리의 범위와 가능성이 크다는 점을 입증하려 하였다. 이를 위해 리델하트는 한니발이 알프스를 횡단한 공격도 간접접근으로 분석하였으며, 이후 카르타고군대가 수행한 티시누스Ticinus 전투, 트레비아Trebia 호수 전투, 칸나에 전투에서 섬멸적 승리가 가능했다고 분석하였다. 또한 그는 간접접근 개념이 로마의 스키피오 장군이 스페인과 북아프리카에서 시도한 전역에서도 나타났으며, 그 결과 BCE 202년 자마 전투에서 크게 승리할 수 있었다고 분석하였다. 그는 나폴레옹이 1805년에 울름과 아우스터리츠에서 거둔 승리는 '유혹과 함정'의 세련된 변형에 의해 달성되었다고 분석하였다. 그는 또한 미국 남북전쟁 중 북군의 율리시스 그랜트Ulysses S. Grant[15] 장군이 1863년에 버지니아의 빅스버그Vicksburge를 점령한 것과 윌리엄 셔먼William T. Sherman 장군이 1864년 조지아 전역the Georgia Campaign에서 보여준 행동을 '적의 경제와 사기의 근거지'를 지향한 간접접근 전략으로 해석하였다. 이를 통해서 미국 남북전쟁에서도 간접접근에 의한 전략의 결정적 효과가 입증되었다고 해석하였다. 결론적으로 말하면, 리델하트의 주장은 순환적 구조를 가지고 있었는데, 즉 전쟁사에 기록된 중요한

---

15) 율리시스 그랜트(Ulysses S. Grant, 1822~1885)는 미국 남북전쟁 중에 아브라함 링컨 (Abraham Lincoln) 대통령에 의해 발탁되어 북군이 최종적으로 승리하는데 기여한 총사령관이었다. 또한 미국 제18대 대통령으로 선출되어 8년(1869~1877) 동안 재직하였다.

승리는 정도는 다르지만 대부분 간접접근이 작용하였다는 것이다. 그는 이와 같은 결론을 바탕으로 전쟁에서 결정적 승리를 거두기 위한 가장 확실한 방법은 간접접근이라고 주장하였다.

이처럼 리델하트는 자신이 구상하여 제시한 '간접접근'의 시각에서 전쟁사의 여러 사례를 설명하려 했지만, 전쟁사에서는 간접접근을 추구했다가 재앙에 가까운 결과나 실망스러운 상황으로 끝난 사례도 적지 않았다. 이러한 사례로는 영국 수상 윈스턴 처칠Winston Churchill이 주장하여 시도한 두 가지 사례, 제1차 세계대전 기간 중 다다넬스 전역the Dardanelles Campaign과 제2차 세계대전 기간 중 연합군이 주도한 이탈리아 반도에 대한 공격 실패를 들 수 있다. 다다넬스는 에개해the Aegean Sea와 마르마라 해the Sea of Marmara 사이에 연결된 해협이다. 처칠은 이곳에 지상군이 상륙하여 작전을 수행하면 콘스탄티노플Constantinople을 위협할 수 있을 것이라고 예상하였다. 그는 만약 연합군이 이 도시를 점령할 경우 터키를 전쟁에서 이탈시킬 수 있을 것이며, 이를 통해 러시아 남부까지 진격할 수 있는 해상로가 확보될 수 있다고 판단하였다. 리델하트는 "다다넬스 해협에 대한 공격은 터키에 대한 직접 접근이었으나, 당시에 코카서스 방면에서 전쟁을 수행하고 있던 터키군 주력뿐만 아니라, 더 나아가 동맹국에 대해서는 전체적으로 간접접근에 해당한다"라고 해석하였다. 하지만 다다넬스 해협에서의 작전은 연합군 사령부의 지나치게 낙관적 평가, 미숙한 계획수립, 정찰 부족, 보급지원 미흡 등으로 인해서 제대로 수행되지 못한 채 결국 재앙災殃으로 끝나고 말았다. 이 전역에만 약 500,000명의 영국군, 프랑스군, 오스트리아군, 뉴질랜드군, 인도군이 투입되었는데, 이들 중에서 절반 이상이 전투 중 사상자로 집계되었다. 리델하트는 연합군의 다다넬스 해협에 대한 공격이 실패한 이유를 작전개념 때문이 아니라, 작전을 실행하는 과정에서 드러난 문제 때문이라고 분석하였다.

이탈리아 전역1943~1945은 히틀러가 구축한 유럽 방어선 중 '부드러운 아래 배soft underbelly'로 알려진 곳을 공격하려는 의도에서 시작되었다. 리델하트는 이탈리아 전역을 대체로 성공한 작전으로 평가했는데, 그 이유는 이탈리아 전역이 시작됨에 따라 당시 제3제국이 집중하던 병력에 대한 분산이 이뤄졌기 때문이라고 분석하였다. 그러나 추후 연구에 따르면, 이탈리아 반도의 험악한 산악지형은 방자인 독일군에게 유리했으며, 이에 따라 공격하는 연합국의 공격 속도가 느려지면서 더 많은 병력과 물자가 동원될 수밖에 없었다는 의문이 제기되었다. 실제로 이탈리아 전역을 치르는 과정에서 연합국은 320,000여명의 인명손실이 발생했고, 추축국의 병력 손실은 430,000여명에 달했다. 이탈리아 반도의 취약지점이 말 그대로 '부드럽다soft'하다는 것을 역설적으로 입증한 셈이었다. 한편 당시 동부전선에서는 소련군이 주도권을 잡고 있었는데, 이 시기에 소련군은 쉬지 않고 정면에서 압박 공격하는 직접접근을 효과적으로 구사하였다. 특히 병력 부족으로 고생하던 독일군은 소련의 압박에 심각한 부담감을 가지고 있었다. 1943년 말에 독일군은 동부전선에서 하루에 약 13,000명, 즉 육군 사단 1개에 해당할 정도의 인명손실을 입고 있었다. 그런데 독일군이 이탈리아 전역에서 당한 병력손실은 동부전선에서 약 1달 동안 발생하는 인명손실에 불과했다. 달리 표현하면, 히틀러가 이탈리아 반도에서 장기간 수행한 지구전 전략은 다른 방면에서도 오래 전부터 채택했어야 했던 것이었다.

리델하트는 자신이 제시한 간접접근 이론의 효과를 강조하기 위해서 다양한 전쟁사 사례를 추가했으나, 그가 제시한 이론의 핵심은 변하지 않았다. 이후에 그는 간접접근 이론의 가시적 효과와 가치를 보완하기 위해서 고대 중국의 손자로부터 여러 가지 금언을 빌려왔으며, 이들이 나중에 『전략론』Strategy의 최종판에 모두 포함되었다. 예를 들면, "전쟁이란 적을 속이는 것이다"[16]라는 손자의 주장은 전통적으로 적 주력과 직접결전을 추구하는 서양의 군사전통과는 상반되는 것이었다. 리델하트가 간접접근 이론에 손자의 개념을 도입한 이유는 자신이 주장한 이론의 권위를 높이고자 했기 때문이었을 것이다. 하지만 서양 전쟁사에도 계략과 기만이 사용된 사례가 무수히 많았다. 그런데 리델하트는 전쟁사 사례 중 일부를 자신이 제시한 이론에 잘 들어맞도록 잘라 내거나 덧붙였는데, 이 과정에서 몇 가지 사례가 실제 진행경과와 달리 변질되어 제시되기도 했다. 그 결과, 유능한 지휘관은 항상 상대방에 대한 기습을 중시했다고 주장하는 등 무리한 해석의 오류를 범하고 말았다. 이와

---

16) "兵者병자 詭道也궤도야," 『孫子兵法』 「計」 편.

같은 문제로 인해 리델하트가 주장한 간접접근은 하나의 완벽한 군사전략으로 발전하지 못했다. 다만, 예상치 못한 수단을 적용하는 간접접근은 섬멸이나 마비 등 다른 형태의 전략개념과 함께 사용되어 이들이 성공할 수 있는 확률을 높이는 역할을 하고 있다.

요약하면, 섬멸과 마비는 위험이 크지만, 그만큼 보상도 큰 전략이다. 이러한 전략이 채택된 전쟁은 대체로 단기간에 종료되며, 이를 추구하기 위해서는 반드시 질적, 양적으로 우수한 군사력이 필요하다. 이러한 전략은 월등하게 많은 수의 적을 상대하기에 효과적인 것으로 입증되었으나, 실제 적용되는 과정에는 복잡하고 수준 높은 작전기동이 필요하며, 많은 위험도 뒤따른다.

섬멸과 마비를 위한 기동은 도중에 발생할 수 있는 마찰과 우연에 의해 차질을 빚을 수 있다. 프랑스에 대한 독일군의 1940년 공격에서는 프랑스군 공중정찰과 벨기에군 기병부대가 아르덴느 삼림지대로 향해 이동하는 대규모 독일군 차량 및 기계화 부대를 발견했다고 보고한 바 있다. 만약 연합군 공군이 이러한 정보에 적절하게 대응했더라면, 삼림지대의 좁은 도로를 따라 이동을 시작한 기갑부대panzer units의 긴 행렬에 큰 타격과 혼란을 가져왔을 것이며, 이로 인해서 프랑스 전역은 완전히 다른 결과를 가져왔을 지도 모른다.

그러나 가장 큰 위험은 대규모 군사적 승리는 결정적인 효과가 있을 것이며, 이를 통해서 전쟁이 자신에게 유리하게 종결될 것이라고 가정하는 그 자체에 있다. 정치와 문화 조건이 올바르게 작용한다면, 이러한 가정은 올바르게 입증될 수 있을 것이다. 전장에서 신속하게 패배함으로써 조직이 겪게 될 충격과 수치심으로 인해 어떤 국가는 항복하고 평화를 구걸할 것이며, 다른 국가는 패배가 가져올 공포로 인해 더 강한 결의를 다질 수도 있다. 이와 같은 양상은 소모전략이나 소진전략에서 명확하게 드러나는데, 이러한 전략은 단기간에 전쟁을 끝내야 하는 당사자의 약점을 극대화하기 위해서 시행한다.

참고문헌

- 프랑스 폴 레이노Paul Renaud 수상의 연설문은 아래 출처를 참고할 것.
  http://www.foreignaffairs.com/articles/70021/hamilton-fish-armstrong/the-downfall-
  of-france.

- 헨리 키신저Henry Kissinger의 게릴라전에 대한 발언은 Henry Kissinger, "The Vietnam
  Negotiations," *Foreign Affairs* 47, no. 2(January 1969): 212쪽을 참고할 것.

- 리델하트B. H. Liddell Hart의 간접접근에 대한 설명은 Basil H. Liddell Hart, *Strategy*(New
  York: Praeger, 1967), 321쪽을 참고할 것.

제3장. 소모전략과 소진전략
Attrition and Exhaustion

미국이 제2차 세계대전에 참전을 선언한 지 13개월째가 되던 1943년 1월 초, 프랭클린 루즈벨트Franklin D. Roosevelt 대통령은 상원에서 "미국이 태평양 전쟁에서 추구하는 핵심목표는 매일, 매주, 매월 단위로 일본의 산업능력이 생산할 수 있는 것보다 더 많은 전쟁 물자를 파괴하는 것입니다"라고 연설하였다. 루즈벨트 대통령이 이 연설을 통해 상원에 제시한 군사전략은 소모전략의 형태 중 하나인데, 이것은 훗날 연합국이 태평양 전쟁에서 승리할 수 있는 근간이 되었다. 미국을 포함한 연합국이 이 전략을 추구한 이유는 추축국에 비해 연합국의 경제와 산업이 압도적으로 우위였기 때문이었다. 간략하게 말하자면, 소모전략은 상대방의 물리적 역량을 고갈시켜 승리하는 것이다.

소모전략을 보완하는 소진전략은 적의 전쟁의지를 분쇄하는 것을 목표로 한다. 대체로 소모전략과 소진전략은 함께 구사되는데, 어느 한 쪽의 물리적 역량이 파괴되면, 곧 그들의 전쟁의지가 약화될 수 있기 때문이다. 그러나 상대방이 지속적으로 저항함에 따라 오히려 공자가 분쇄될 위기에 처하기도 하는데, 이를 통해서 전쟁이 끝날 것 같지 않은 상황으로 발전할 수도 있다. 베트남의 지도자 호치민Ho Chi Minh은 소진전략을 구사하여 인도차이나를 점령한 프랑스에게 막대한 충격을 주었다. 제1차 인도차이나 전쟁 (1946~1954)이 발생하기 직전에 호치민은 프랑스 장군에게 "프랑스군 한 명을 제거하는데 베트남 병사 열 명이 죽는다고 하더라도, 이전쟁에서 먼저 지쳐 떨어져 나가는 쪽은 프랑스가 될 것입니다"라고 경고한 바 있다. 제2차 세계대전 종전 직후 출범한 프랑스의 새로운 행정부는 베트남 식민지에 대한 통제를 강화하여 경제재건에 힘쓰려고 노력하였다. 그러나 이 시기에 호치민이 구사한 소진전략은 적절했으며, 그의 경고는 예언처럼 들어맞았다. 간략하게 말하면, 소진전략은 상대방으로 하여금 싸우는 것 자체를 질리게 만들거나 혹은 승리하는 것이 불가능하도록 끌고 가는 것이다. 소모와 소진은 모두 장기간에 걸쳐 진행되는 지구전에 적용하는 전략인데, 이들은 상대국 국민과 경제에 막대한 부담으로 작용한다. 따라서 이들은 해당국가에서 문화적으로 수용하기 힘들 수 있으며, 혹은 경제적으로 실현 불가능할 가능성도 높다. 그러나 이러한 전략이 채택될 경우, 이들은 전쟁에서 신속한 승리를 추구하는 섬멸전략이나 마비전략에 효과적으로 맞설 수 있는 개념이기도 하다. 소모와 소진은 다른 군사전략의 근간을 구성하는 요소인데, 이러한 주장은 많은 사례에서 확인할 수 있다. 실제로 모든 군사전략은 상대방의 물리적 혹은 심리적 자산을 소모, 고갈, 소진시키거나, 혹은 이를 위협하는 것과 연관되어 있다. 그리고 소모와 소진은 다른 전략이 실패할 경우 채택할 수 있는 전형적 대안代案이다.

제2차 세계대전에서 연합국이 채택한 전략은 소모전략의 현대적 유형이었다. 이 전략은 추축국이 대체할 수 있는 전력보다 훨씬 더 빠르게 이들을 파괴할 수 있도록 지상, 공중, 해상 전역을 통합하는 것이었으며, 이와 더불어 추축국의 자본에 대한 연합군의 공격도 병행되었다. '굼벵이Cunctator'라는 별명을 가졌던 로마의 파비우스 막시무스Fabius Maximus도 소진전략을 사용하였는데, 당시 사람들이 "적의 배고픔을 노리다"라고 평가했던 이 전략은 한니발 군대의 병참과 군수지원을 약화시키려는 목적에서 구사하였다. 역사가들이 '미국의 파비우스American Fabius'라고 불렀던 조지 워싱턴George Washington도 미국 독립전쟁 당시 영국군을 약화시키기 위해서 소진과 유사한 전략을 구사하였다.

소모Attrition

소모는 가장 직접적 형태의 군사전략 중 하나이다. 간단하게 말해서, 소모란 상대방의 전투력을 보충되는 것보다 빠른 속도로 파괴하는 것이며, 반면 아군의 전투력 손실은 최대한 참고 견뎌내는 것이다. 군사 전문가들은 어떤 국가의 싸우려는 의지는 그 국가의 물리적 전투 능력과 밀접하게 연계된다고 주장하는데, 이 두 가지 요소 중에서 싸우려는 의지가 더 중요하다고 분석한다. 그런데 어떤 국가의 싸우려는 의지가 실제로 언제 꺾였는지를 식별하는 것은 쉽지 않은데, 아주 짧은 기간에 일시적으로 사기가 떨어졌을 때에도 싸우려는 의지가 꺾였다고 말할 수 있기 때문이다. 따라서 군사 전략가들은 상대방의 물리적 능력을 제거하기 위한 행동을 선택하는데, 이것이 바로 소모전략이다. 만약 어느 한 쪽의 무기체계가 완전히 탈취되면, 설령 이들이 항복하기를 거부하더라도, 어렵지 않게 분쟁에서 승리할 수 있을 것이다. 반면에 소모전략의 관점에서 볼 때, 모든 교전에서 반드시 평균 이상의 유리한 교환비율이 필요한 것은 아니다.

전쟁 중에 소모는 적과의 실제 교전여부와 관계없이 자연스럽게 진행된다. 물자와 병력 소모는 매일 발생하는데, 전시만큼 높거나 심하지는 않지만, 평시에도 일정한 비율의 전투력 소모가 발생한다. 무기와 병력 소모는 전투에서 뿐만 아니라 사고에 의해서 혹은 작전을 준비하는 기간에도 발생한다. 제2차 세계대전 초기 독일의 영국 폭격이 시작된 첫 달에만 영국 공군 전투사령부는 우군 피해와 사고 등으로 인해 전체의 약 1/3에 해당하는 전투기 손실을 입었다. 몇몇 역사가들이 지적했듯이, 만약 영국 공군 전투사령부에 전투기 추가보충이 이뤄지지 않았다면 (적과의 교전이 아닌) 사고를 통해 입은 손실만으로도 1940년 말에는 전투사령부 자체가 무력화될 정도였다.

이와 유사하게 1941년부터 1942년 사이에 일본군이 보유하고 있던 항공기 중에서 직접 전투손실로 파괴된 것은 40%에 불과했고, 나머지 60%는 훈련, 수송 중 사고, 운송 중 적의 공격에 의한 파손 등에 의한 손실로 파악되었다. 제2차 세계대전 중 각 무기체계의 작전수명은 항공기는 3개월, 전차는 4개월, 포병화기는 5개월로 집계되었다. 대규모 장비를 운영했던 소련 적군the Red Army은 적과 교전 중에 발생하는 작전 중 손실로 인해서 매달 약 20%에 달하는 중장비를 교체해야 할 정도였다.

각국 군대는 질병, 탈영, 전역 등 전투와 직접 관계없는 사유로 인해서 일정한 양의 병력을 상실한다. 육군과 해군부대의 경우 질병 때문에 발생한 내부 인명손실이 적과의 전투에 의해 발생한 인명손실보다 더 많았던 사례도 있었다. 인명손실이 전투에 의해서 발생하던지 혹은 질병이나 사고 등 정기손실에 의해 발생하든지 간에 각 군대는 전투력을 보존하기 위해서 병력자원을 보충해야 한다. 이를 위해서 각 군대의 병참선 확보는 중요하다. 전장에 투입된 전투력은 국가가 보유한 전체병력의 일부에 불과하다. 전투력은 전투를 수행하는 능력을 말하는데, 숫자와 효율성의 기능, 즉 양量과 질質에 연결된다. 전투 중에 손실된 병력을 보충하는 것은 중요하지만, 이것만으로는 실질적인 전투력을 보충하기는 쉽지 않다. 왜냐하면 단순한 병력충원만으로 전투 효율성까지 복원되지 않기 때문이다. 그리고 최근에 충원된 병력을 과거부터 임무를 수행해 온 기존 전투원 수준으로 숙달시키기 위해서는 많은 시간이 필요하다. 이러한 현상은 1944년에 필리핀해 전투the battle for the Philippine Sea를 수행하는 과정에서 명확하게 드러났다. 이 전투에서 미군 전투기가 일본군 전투기를 격추시킨 비율은 5:1에 달했는데, 그 이유는 이 시기에 미군 조종사가 일본군 조종사에 비해서 전투 경험과 훈련시간이 많았으며, 미군 전투기가 일본군 전투기에 비해 기술과 성능 면에서 우수했기 때문이었다.

충원된 병력의 절대량 증가 때문에 실질적인 전투력이 감소한 사실을 알아채지 못한 사례도 많다. 예를 들면, 제2차 세계대전 중 독일군은 1944년 1월까지 약 420만 명의 병력 손실을 입었으나, 이때까지 독일군이 징집한 총 병력은 약 950만 명 정도였으니 전체적인 병력 보충에는 큰 문제가 없는 것처럼 보였다. 그러나 새롭게 징집한 병력은 대부분 적정 징집 연령, 즉 18세부터 25세 사이를 벗어난 자들이었다. 게다가 이들은 대부분 독일이 점령한 지역에서 강압적으로 징집된 병력이라서 싸우려는 의지도 높지 않았다. 또한

1944년 초에는 다수의 독일군 작전부대에 숙련된 장교와 부사관 숫자가 절대적으로 부족했는데, 그 이유는 상급부대와 고위직에서 발생한 빈자리를 메꾸기 위해 작전부대에서 활약하던 이들을 진급시켜 상급부대로 이동시켰기 때문이다. 결국 실제 독일군 작전부대의 전투력은 낮았으며, 이로 인해서 더 많은 인명손실이 뒤따랐다.

한편 모든 병력손실의 효과가 동일한 것은 아니다. 적의 지휘체계 무력화는 전장에 투입된 적 전차와 항공기 파괴보다 훨씬 큰 효과가 있다. 제2차 세계대전 초기 영국전투에서—영국 공군 전투사령부의 "눈과 귀"라고 알려진—레이더Radar (라디오 탐지와 거리 측정 등) 기지의 손실은 항공기와 조종사 손실보다 훨씬 심각했다. 일부 학자들의 주장처럼, 비록 레이다가 '전쟁 승리의 마법사'는 아닐지 모르지만, 이 장치가 통합 영공방위에서 결정적 역할을 했다는 점을 부인하기는 힘들다. '눈과 귀'의 역할을 했던 레이더가 없었더라면 영국 공군이 독일 공군의 공격에 대항하는 과정에서 보여준 것과 같은 효율적 자원분배와 집중은 불가능했을 것이다. 연료 소비, 항공기와 조종사의 전투피로 관리 등에서 효율이 떨어졌더라면, 곧 영국 공군의 전투 효율성에도 큰 타격을 주었을 것이었다.

1944년이 되면 독일 공군의 경우 숙련된 조종사 손실이 항공기 손실에 비해 훨씬 심각했는데, 그 이유는 항공기를 생산하는 것에 비해 조종사를 숙달시키는데 더 많은 시간이 필요했기 때문이었다. 독일 공군이 보유한 숙련된 조종사 숫자가 감소함에 따라 지상 및 해상 작전부대에 대한 공중엄호의 빈도가 점차 줄어들었고, 그 결과는 작전을 수행하는 육군 및 해군 부대에서 발생하는 사상자의 증가와 연결되었다. 요약하면, 전쟁 중 어떤 기능과 임무를 수행하는 특정분야의 손실이 막대할 경우, 이와 연관된 제2, 제3의 분야에도 파장을 가져오며, 이로 인해서 그 군대의 전체적인 전투 효율성이 급격하게 감소한다. 예를 들면, 독일군은 1943년 이후 각 전선에서 발생하는 막대한 병력손실을 보충하기 위해서 국내 여러 부문에서 노동자를 징집하여 전선으로 보냈으며, 어떤 경우에는 노예노동으로 대체하기까지 했다. 하지만 이와 같은 조치의 결과는 국내의 노동 생산성 저하로 나타났다.

많은 학자들이 소모전략이 갖는 명확한 특성을 간단한 방정식으로 표현하려고 시도해 왔는데, 이들 중에서는 영국의 공학자 겸 발명가 프레더릭 란체스터Frederick Lanchester가 제시한 방정식이 가장 유명하다. 란체스터는 제1차 세계대전이 정점에 도달한 순간 두 개의 수학적 '힘의 법칙' 혹은 방정식을 제시했다. 첫 번째는 과거의 전쟁에 적용할 수 있는 '선형 방정식the linear law'이며, 두 번째는 현대전에 적용 가능한 '제곱 방정식the square law'이었다. 란체스터의 설명에 따르면, 고대전쟁에서는 전투원 1명이 적 1명을 상대하여 싸웠기 때문에 선형적 접근으로도 해결할 수 있었다. 그러나 현대전쟁에서는 기관총, 전차, 항공기, 포병화기 등 승무원 조작 무기체계crew-served weapons가 등장함에 따라 개별 전투원이 다수의 적과 동시에 전투에 임하는 양상으로 전개되기 때문에 복합적 접근이 필요했다. 란체스터 방정식에 의한 접근은 워 게임, 우발계획에 대비한 부대배치, 후방지대 전담 병과 및 부대 담당분야에서 효과적이라는 것이 입증되었다. 그러나 이 방정식을 전투결과를 예상하기 위해 신뢰할만한 지표로서 활용하기에는 지나치게 정량적 요소에 의존하는 경향이 강했다. 또한 이 방정식에서 기교와 속임수 등에 해당하는 우연이나 질적 요소는 수치로 환산하기 힘들기 때문에 제외할 수밖에 없다.

1941년 12월 7일에 일본군이 미국의 진주만을 공격했을 당시, 일본 해군은 주력함 10척, 항공모함 10척, 순양함 38척, 구축함 112척, 잠수함 65척을 보유하고 있었다. 반면 미국과 연합국의 해군 전력은 주력함 10척, 항공모함 3척, 순양함 44척, 구축함 93척, 잠수함 71척에 지나지 않았다. 더구나 진주만 공격으로 인해서 미국 해군은 주력함 5척, 순양함 3척, 구축함 3척이 파괴되거나 심각한 타격을 입었다. 그 결과 진주만 공격이 끝난 직후 일본은 주력함에서 2:1, 항공모함에서 3:1 정도의 수적 우위를 가지고 있었으며, 다른 장비에서는 대략적으로 비슷한 상태였다. 그런데 진주만 공격이 개시되던 당시에 미국은 주력함 15척, 항공모함 11척, 순양함 54척, 구축함 191척, 잠수함 73척을 제작 중이었으며, 일본의 기습 공격 직후 제작 중이던 전함 생산속도가 가속화되었다. 이에 따라 미 해군 하롤드 스탁Harold R. Stark 제독이 1941년에 주미 일본대사에게 했던 다음과 같은 발언이 잘못되지 않았음이 입증되었다.

"미국에 대한 일본의 공격은 시간과 기습의 효과에 의해 성공으로 볼 수 있을지 모르지만, 머지않아 일본이 전쟁에 의한 손실을 입을 시기가 다가올 것입니다. 만약 그렇게 된다면, 미국과 일본의 승패가 결정될 것입니다. 일본은 전쟁에서 입은 손실을 보충하기 어려울 것이며, 시간이 지날수록 약화될 것입니다. 반면 미국은 전쟁 중 발생한 손실을 충분히 보충할 것이며, 시간이 지날수록 강해질 것입니다. 따라서 일본이 미국을 압도하기 이전에 미국이 일본을 제압하는 것은 당연합니다."

실제로 태평양전쟁이 끝날 무렵, 미국이 주도한 연합국은 일본이 포함된 추축국에 비해 항공기에서 약 3:1, 전차와 자주포에서 4:1, (대부분 소련의) 포병화기에서 7:1, 해군 전함에서 2.5:1의 생산 우위를 보였다.

> - 항공기 생산 : 미국 48,000대 vs. 추축국 27,000대
> - 전차와 자주포 생산 : 미국 25,000대 vs 추축국 11,000대
> - 전함 생산 : 미국 vs. 추축국 (미국이 2:1로 우위)
> * 영국과 소련의 무기 생산은 이러한 격차를 더욱 벌렸는데, 두 국가가 생산한 항공기는 49,000대, 전차는 33,000대, 전함은 84대였다.
> - Murray and Millett, "Table 2 : Major Weapons Produced by Allied and Axis Powers," *War to Be Won*, 252.

〈자료 2〉 제2차 세계대전 중 연합국과 추축국의 주요 무기 생산량 비교

일본 내부에서도 연합국이 일본에 비해 물리적으로 유리하며, 이를 통해 군사적으로 재기할 것이라고 예측하는 이들도 있었다. 일본 해군의 야마모토Isoroku Yamamoto 제독은 "미국과 영국을 상대

로 시작한 전쟁에서 처음 6~12개월 사이에 일본이 거칠게 몰아붙이면 연승連勝에 연승을 거듭할 수 있을 것이다. 하지만 그 시간이 지난 이후에도 일본이 전쟁에서 승리할 것이라고 기대하지 않는다"고 주장하였다. 하지만 야마모토 제독을 포함한 일본의 정책결정자들은 영국과 미국이 해군력을 태평양으로 보내서 일본 해군을 제압할 때까지 기다리지 않기로 결정하였다. 대신 일본이 선택한 전략은 진주만에 대한 기습공격이었는데, 이를 통해서 미국 지도자에게 겁을 주어 압박하거나 혹은 미국의 군사력을 약화시켜서 보르네오와 자바 등 자원이 풍부한 남방의 섬들을 점령할 수 있는 시간을 확보하려 하였다. 그 다음에는 이러한 섬들을 연결하는 강력한 외곽 방어선을 구축하려 하였다. 당시 일본 지도자들은 일본이 이 외곽 방어선을 사수할 수 있는 충분한 전력을 보유하고 있다고 판단하였으며, 연합국이 이 방어선을 공격하기 위해서는 값비싼 대가를 치러야 한다는 것을 알려주려 하였다. 그러나 일본은 이 과정에서 심각한 계산착오에 빠졌다.

앞서 지적한대로, 소모의 특성은 명확하고 직선적이지만, 이를 실행하는 과정이 반드시 그런 것만은 아니다. 제2차 세계대전에서 연합국이 채택한 전략은 복잡했으며, 다양한 수단이 복합적으로 작용하였다. 막대한 분량의 군용품을 제조하고, 대규모 병력을 동원 및 충원해야 하며, 추축국의 전투력 생산을 방해하고, 이들이 전선에 투입되는 것을 저지하는 것은 연합국이 채택한 소모전략의 일부에 지나지 않는다. 소모전략을 실행하는 관점에서 접근할 때, 연합국의 소모전략은 추축국의 진격을 봉쇄하고, 독일과 이탈리아, 일본 주변의 고리를 더욱 강력하게 압박하는 것까지 포함된다. 또한 전역계획을 구상하는 과정에서 추축국 군대가 항상 불리한 상황에서 전투에 임하도록 상황을 조정하였는데, 그 결과 추축국의 약점은 시간이 지날수록 심화되었다. 이에 따라 추축국이 점령한 넓은 영토는 양날의 칼이 되고 말았는데, 왜냐하면 추축국은 자신들이 점령한 광활한 영토를 지켜낼 수 있는 자원이 부족했고, 또한 위기에 처한 지역으로 예비대를 보내기 위해서는 수송을 담당할 자산이 소모되었거나 그 과정에서 연합국 공군에 의해 큰 타격을 입었기 때문이었다. 만약 추축국이 방어해야 할 공간이 크지 않았다면 작전수행 과정에서도 대규모 사상자가 발생하지 않았을 것이며, 따라서 연합국이 내세운 무조건 항복이라는 전쟁목표 달성도 쉽지 않았을 것이었다. '무조건 항복'은 연합국이 1943년 초에 카사블랑카 회담the Casablanca Conference에서 최초로 설정한 전쟁목표인데, 이것이 독일군과 일본군을 자극하여 향후 이들의 전투가 더욱 격렬해졌는지는 명확하지 않다.

소진Exhaustion

소진은 심리적 소모의 한 유형이다. 이 전략은 국민의 사기와 신념 등 감정이나 눈에 보이지 않는 요소를 대상으로 한다. 이러한 요소는 측정하기 힘들지만, 이들은 양쪽 모두에게 추가 군사행동이 승리달성에 도움이 될 것인지의 여부를 판단하는 역할을 한다. 상대국은 현재 진행 중이거나 곧 시작될 전쟁목표 달성 정도에 대해 상이한 견해를 가지고 있으며, 이와 같은 적의 혼란과 긴장은 아군에게 유리하게 작용할 수 있다. 소진은 국가 지도자가 병력을 철수하기로 결정하는 것처럼 조용하게 진행되기도 하고, 혹은 반전反戰시위가 커지거나 전쟁의 승리에 대한 대중의 확신이 낮아져서 공개적으로 실행될 수도 있다. 전쟁에 대한 국민의 지지도가 낮아지는 경우에는 실제보다는 인식perception에서 처리해야 할 것이 많은데, 이러한 상황은 종종 군대가 투입된 이후 전장이 확대되는 경우나 혹은 전황이 호전되는 상황에도 발생한다. 베트남전쟁에 투입된 미군 병력은 1965년에 200,000여명 이었으나, 1968년에는 500,000여명으로 늘어났다. 그런데 이 시기에 베트남 전쟁에 대한 미국 국민의 지지율은 지속적으로 하락했으며, 특히 1968년 공산군의 구정공세舊正攻勢/the Communist Tet Offensive가 시작된 직후에는 베트남 전쟁에 대한 미국 국민의 지지율이 급격하게 감소했다. 흥미로운

사실은 구정공세가 시작된 이후 베트남 전쟁의 군사적 정세가 공산
군에게 불리하게 작용한 것이다.

1965년 8월 갤럽 조사a Gallup poll 결과, 미국이 베트남 전쟁에 직접 관여
한 것이 잘못된 것인가에 대한 질문에 미국인의 61%는 "아니다"라고 대답
했다. 하지만 이 수치는 1966년 5월에는 49%로 감소했고, 1967년 10월에
는 44%로 다시 줄어들었다. 그리고 1967년 말에는 미국인 중 39%만이 미
국이 베트남 문제를 다루는 것에 찬성하는 것으로 나타났다. 하지만 이 수
치는 1968년 초의 구정공세 직후에 26%로 감소했다.
- 1965년 8월 27일부터 2000년 11월 13일까지 실시된 갤럽 조사
  http://institution.gallup.com

〈자료 3〉 베트남 전쟁 중 갤럽 조사

소진은 방자의 이점이 갖는 영향력을 극대화할 수 있다. 군사이
론가 칼 폰 클라우제비츠가 주목했듯이, 공자의 목표는 본질적으로
방자의 목표보다 달성하기 어렵다. 방자의 목표는 단순하게 생존하
는 것이며, 이 과정에서 공자를 지치게 만든다. 반면에 공자는 반
드시 방자를 굴복시켜야 자신이 추구하는 목표를 달성할 수 있다.
그러한 측면에서 볼 때, 소진전략은 방어의 본질과 잘 들어맞는다.
제2차 세계대전의 전세가 역전된 이후, 추축국이 추구한 전략은 기
본적으로 소진이었다. 만약 추축국이 전투에서 여러 차례 승리를
거두고 이를 통해서 연합국에게 치명적일 정도의 인명손실을 입
혔다면, 전쟁은 장기화되었을 것이고 연합국의 사기도 저하되었을
것이었다. 만약 전쟁이 장기화되었을 경우 독일은 the V-1, the

V-2와 같은 '경이로운 무기Wunderwaffe/wonder weapons'나 Me 262 제트기의 성능을 향상시켰을 것이다. 하지만 점점 증가하는 연합군의 수적 우세와 작전수행 중 기술향상으로 인해 추축국이 달성하려 했던 승리는 끝내 달성되지 않았다. 연합국의 지상공격으로 인해서 독일은 전세를 뒤집을 수 있는 '경이로운 무기'를 생산할 수 있는 시간을 확보할 수 없었다. 또한 추축국 지도자가 인종적, 심리적으로 열세하다고 평가했던 연합국의 결단력을 잘못 계산한 것으로 판명되었으며, 급기야 연합국의 결단력을 약화시키기 위해서 자신들이 자주 사용했던 조치들이 오히려 정반대 효과를 가져오기도 했다.

소진전략은 다양한 형태로 전개되는데, 봉쇄blockade, 포위sieges, 초토화scorched earth 정책 등이 대표적인 유형이다. 이중에서 초토화는 공자가 영토를 점령한 이후 사용할 수 있는 모든 것을 파괴하는 것을 말하거나, 혹은 공간을 내주고 시간을 확보하거나 자신이 준비될 때까지 결정적인 결전을 회피하는 모든 형태의 조치를 말하는데, 여기에는 게릴라 전쟁도 포함된다. 봉쇄는 다양한 방식으로 정의되며 여러 가지 형태로 사용되는데, 상대방의 해외 및 영외거래를 제한하기 위해 특정 품목을 검역하기 위한 목적으로 수행하는 작전도 여기에 해당한다. 적의 민간인과 군대를 굶기거나 사기를 저하시키기 위해 곡물과 식량, 다른 필수품의 수출을 축소 및 제한하기 위한 봉쇄는 소진전략의 전형적 유형이다. 이처럼 봉쇄의 목적은 두 가지인데, 전쟁을 지속할 수 있는 물자 생산 능력을 감소시키는 것과, 상대방 국민이 견뎌야 할 고통을 증가시켜 궁극적으로 무릎을 꿇게 만드는 것이다.

제1차 세계대전 중 영국 해군이 독일을 봉쇄한 작전, 소위 '기아 봉쇄Hunger Blockade'도 여기에 해당한다. 역사가들 사이에는 이 봉쇄작전으로 인해서 발생한 기아 사망자의 수를 둘러싼 논쟁이 있을 정도인데, 대부분 그 숫자가 750,000명을 넘는 것으로 추정한다. 이 기간 중 독일의 수입은 50% 이상 감소되었고, 석탄과 농업생산에 중요한 영향을 미치는 비료 재료의 공급뿐만 아니라 유제품, 곡물, 감자 등 주식vital food staples 공급도 차단되었다. 이에 따라 독일은 합성 빵, 가루우유 등의 대체Ersatz/substitute 음식을 개발하여 보완하려 하였으나, 대체 음식의 영양성분이 원래 음식에 비해 많이 뒤쳐졌다. 저칼로리 식단과 영양가가 부족한 식단으로 인해서 독일 국민은 결핵이나 이질과 같은 질병에 걸릴 가능성이 높아졌다. 한편 이와 같은 형태의 봉쇄는 경제전쟁의 형태로 진행되기도 하는데, 봉쇄를 통해서 원하는 효과를 달성려면 수개월 혹은 몇 년이 걸리기도 했다. 따라서 이와 같은 양상으로 전개되는 봉쇄는 대규모 형태의 포위전으로 볼 수 있다. 봉쇄는 평시 혹은 전시에 모두 사용될 수 있으며, 또한 어느 한 쪽이 명확하게 전쟁상태에 돌입하지 않은 상황에서도 적용할 수 있는 군사전략이다.

포위a seige는 저지선 형성이나 해상봉쇄 등과 유사하나, 대체로 작전의 규모가 크지 않다. 이 전략은 하나의 도시나 요새에 대한 공격과 점령이 쉽지 않은 경우에 채택한다. 제2차 세계대전 중 히틀러는 독일군에게 레닌그라드Leningrad (현재의 상트 페테르부르크St. Petersburg)를 공격하여 점령하는 대신 포위작전을 실시하라고 지시했는데, 이 도시를 점령하기 위해서 많은 병력손실이 발생할 것을 우려했기 때문이었다. 그 결과 레닌그라드에 대한 독일군의 포위공격은 1941년 9월 8일부터 1944년 1월 27일까지 약 900일 동안 지속되었고, 이 기간 동안 약 600,000명 이상의 러시아 국민이 사망한 것으로 알려졌다. 일부 연구자들은 이 숫자가 1,000,000에 가까울 것으로 예측하고 있는데, 수많은 사람들이 죽었으나 소련 정부는 정확한 사망자 숫자를 공식적으로 발표하지 않았다. 1941년 겨울이 시작될 무렵에는 식량공급과 더불어 석탄 재고량이 줄어들었으며, 상수도가 얼어붙어서 레닌그라드에 거주하는 주민에 대한 식수공급도 중단되었다. 극도의 기아와 다른 궁핍에도 불구하고 레닌그라드를 방어한 소련군 부대와 시민들은 1944년에 소련군이 이 도시를 해방시킬 때까지 굳건하게 지켜냈다.

반면에 1954년에 라오스와 베트남 국경을 연하는 곳에 자리 잡은 디엔 비엔 푸Dien Bien Phu 외곽 경계기지에서 시작된 포위작전의 결과는 완전히 달랐다. 1954년 3월과 4월에 보 응우옌 잡Vo Nguyen Giap[17] 장군이 지휘한 약 40,000여 명의 베트민 군대Vietminh Forces 가 약 13,000여 명의 프랑스군이 점령한 경계진지를 겹겹이 포위

---

17) 보 응우옌 잡(Võ Nguyên Giáp, 1911~2013)은 베트남 독립전쟁(1945~1954), 베트남 전쟁(1968~1973) 등에서 프랑스, 미국 등을 물리치고 승리로 이끈 정치 및 군사 지도자이다.

하였다. 이처럼 상황이 전개되었으나, 프랑스군 지휘관 크리스티앙 카스티에Christian de la Croix de Castries 장군은 공군 수송선에 의한 보급지원만으로도 포위망에 갇힌 프랑스군 부대에 대한 병참지원이 충분하며, 이를 통해 프랑스군의 작전수행에 큰 차질이 없을 것이라고 판단하였다. 그는 또한 포위된 상황이 위험한 것은 사실이지만, 적군이 프랑스군의 강력한 포병의 사정권에 들어왔다는 점에서는 오히려 적을 격멸할 수 있는 좋은 기회라고 생각하였다. 하지만 포위된 프랑스군 부대에 대한 공중보급은 베트민군의 무자비한 공격으로 인해서 효과를 발휘하지 못했고, 결국 프랑스군 경계진지 방어선은 1954년 5월 7일에 붕괴되고 말았다. 이 전투는 프랑스군 역사에서 가장 치욕스러운 패배로 기록되고 있다. 일반적으로 포위작전이 실시되는 동안 공자를 돕는 것은 방자가 직면한 배고픔과 질병 등인데, 디엔 비엔 푸 전투에서 프랑스군이 겪은 어려움은 배고픔과 질병이 아니라 비효율적 전투체계와 탄약부족 등의 문제였다. 이와 같은 '동맹군allies'은 항상 변덕스러운 상황을 가져올 수 있다. 따라서 제대로 준비하지 않고 포위작전을 전개하는 부대는 재앙에 가까운 결과에 직면할 수도 있다.

'초토화a scorched earth' 정책은 동전의 양면과 같다. 러시아인들은 이 정책을 통해서 근대 이후 자국을 침공한 1812년의 나폴레옹의 공격과 1941년의 히틀러의 공격을 성공적으로 막아냈다. 나폴레옹이 이끈 프랑스 군대the Grande Armee는 제한된 형태의 자체 보급체계를 갖추었는데, 이것은 군대가 진격하는 과정에서 점령지에서 보급품을 몰수하여 획득 및 사용하는 개념이었다. 농장과 마을을 점령한 뒤 식량, 가축, 물 등을 약탈하여 보급품을 충원하였다. 그런데 러시아의 알렉산더 황제Tsar Alexander가 초토화 전술을 구사함에 따라 나폴레옹 군대가 작전을 지속하는데 필요한 많은 것이 파괴되거나 제거되었으며, 이로 인해서 프랑스 군대의 보급상황이 더욱 악화되었다. 한편 스탈린이 채택한 초토화 전술도 히틀러의 독일 군대를 힘들게 만든 중요한 요소였다. 1941년에 소련을 침공할 당시 독일군은 러시아의 광활한 영토를 가로지르거나 혹독한 러시아의 겨울을 견뎌내는데 필요한 보급품을 충분히 준비하지 못한 상태였다. 한편 초토화 전략은 공자도 활용할 수 있는데, 미국 남북전쟁 당시 북군의 윌리엄 셔먼 장군이 1864년에 주도한 애틀랜타를 향한 공격에서 이러한 양상이 잘 드러났다. 이 공격에서 윌리엄 셔먼William T. Sherman[18] 장군이 추구한 목표는 남부, 특히 조지아 주州가 연방에서 분리 독립하기 위한 전쟁이 '무척 힘들다hard hand of war'는 것을 깨닫도록 하는 것이었다. 셔먼 장군이 지휘하는 북군은 이러한 전략을 추구하기 위해서 조지아 주州에서 식량과 가축을 약탈하고, 철도를 파괴하며, 주택과 건물을 불태웠다. 이 전략은 경제전과 심리전을 결합한 것이었는데, 이를 통해서 남부 주

---

18) 윌리엄 셔먼(William T. Sherman, 1820~1891)은 미국 남북전쟁 때 활약한 북군 장군이며, 남부의 물자와 시설에 무자비한 타격을 가하는 전술을 사용한 것으로 유명하다. 1941년에 제작되어 제2차 세계대전에서 맹활약한 M4 전차에 그의 이름을 붙여 '셔먼 전차(M4 Sherman)'라고 불렀다.

민의 사기가 저하되었고, 남부가 직면하고 있던 경제적 난관이 더욱 악화되었다. 게다가 남부 군대가 자국을 스스로 보호할 능력이 부족하다는 것이 대내외적으로 입증되었다. 항상 그렇듯이, 이와 같은 전략이 적용되는 경우에 가장 어려움을 겪는 이들은 민간인인데, 이들은 침략자보다는 자신들이 선출한 지도자에 의해서 고통을 당하는 경우도 많았다. 이와 같은 현상은 초토화 정책이나 소진전략을 추진하는 경우에 흔히 발견되는 문제점이다.

매복과 습격 등 게릴라 전쟁 형태의 소진전략 사례로는 미국 독립전쟁 시기에 활약했던 나다니엘 그린Nathanael Green 장군과 존 폴 존스John Paul Jones 제독, 중국 국공내전을 승리로 이끈 마오쩌둥, 제1, 2차 인도차이나전쟁에서 활약한 호치민 등이 사용한 전술을 꼽을 수 있다. 고대와 중세시기의 전쟁에서도 그러한 사례를 발견할 수 있는데, 프레더릭 대왕Frederick the Great이 7년 전쟁the Seven Year's War/1756~1763 중 사용한 전략이나, 미국 독립전쟁the American War of Independence/1775~1783 시기에 조지 워싱턴George Washington이 활용한 전략도 이와 유사하다. 이러한 전략은 상황에 따라서 다양하게 결합하거나 변칙으로 적용할 수 있다.

그린 장군이 채택한 전술은 매복, 습격, 반격sabotage의 형태였는데, 이들은 영국군을 힘들게 할 뿐만 아니라, 지역 주민의 여론에 영향을 주기 위해서 추진하였다. 전시에 국민의 여론을 긍정적으로 조성하는 것은 중요한데, 당시 상황에서 영국 국왕에 반대하여 독립전쟁에 찬성한 세력은 북미 대륙 거주 인구의 1/3에 불과했다.

반면 1/3은 영국 국왕에 대한 충성 의사를 바꾸지 않았으며, 나머지 1/3은 어느 쪽에도 가담하려 하지 않았다. 따라서 혁명군이 주민의 지지를 확보하기 위해서는 이들을 상대로 전개한 심리전이 중요했으며, 이중에서도 특히 지지의사를 유보하고 망설이던 주민의 지지를 받는 것이 중요했다. 그린 장군이 지휘하는 군대는 18세기 미국 대륙의 경제적 중심지였던 각 마을과 부락의 제분소를 적극 활용하여 작전에 필요한 보급을 충당하였으며, 이를 통해 영국군에 대한 보급지원을 차단하였다.

일부 역사가는 조지 워싱턴George Washington[19]을 '미국의 파비우스the American Fabius'라고 불르기도 했는데, 그와 같은 시기에 활동했던 그린 장군도 조지 워싱턴의 전략이 적과 대규모 결전을 추구하기 보다는 소규모 교전을 선호한다고 평가하였다. 하지만 조지 워싱턴은 로마의 파비우스와 달리 훈련이 잘된 적군, 즉 영국군을 상대로 수차례 중요한 전투를 치러야 했다. 이런 측면에서 볼 때 그는 파비우스보다 훨씬 위험한 상황에 여러 차례 노출되었다. 조지 워싱턴은 내키지 않았던 적과의 전투에 나서기도 했는데, 그 이유는 몇 차례의 신속한 결전을 통해서 전쟁을 끝낼 수 있다는 단순한 naive 생각을 가지고 있던 대륙의회the Continental Congress가 조지 워싱턴에게 영국군과 정면대결 할 것을 요구했기 때문이었다. 물론

---

19) 조지 워싱턴(George Washington, 1732~1799)은 미국 독립전쟁(1775~1783)에서 혁명군을 지휘하여 영국군에게 승리한 총사령관이었다. 초대 대통령으로 선출되어 8년(1789~1797) 동안 재직하였다.

조지 워싱턴은 자신이 필요하다고 판단한 경우에는 스스로 영국군과의 대규모 결전에 나서기도 했다. 조지 워싱턴이 지휘한 군대는 주로 민병대와 단기 지원병으로 구성되었는데, 이들은 규율과 훈련이 부족해서 영국군과 맞서 싸우기에는 한계가 많았다. 하지만 그가 영국군에 맞서 정면대결을 시도한 경우에도 영국군을 심각하게 압박할 수 있었는데, 당시 영국군이 병력보충 면에서 큰 어려움을 겪고 있었기 때문이었다. 이처럼 조지 워싱턴이 구사한 전략에는 영국군을 물리적, 심리적으로 타격할 수 있는 요소가 모두 포함되어 있었다. 그는 자신이 지휘하는 군대의 손실과 패배를 최소화하거나 패배로 인한 전투력 손실은 아예 차단하려 하였다.

승리는, 규모가 크지 않다고 하더라도, 그것이 가져오는 심리적 가치의 측면에서 중요하다. 승리는 국민과 군대의 결의를 강화시키고, 군대의 뛰어난 기량을 입증하며, 이를 통해 동맹국을 끌어 모을 수도 있고, 다양한 외부의 지원도 이끌어낼 수 있다. 조지 워싱턴이 지휘한 군대에게 적용한 이러한 상황은 국공내전 당시 마오쩌둥이 지휘한 혁명군이나 호치민이 지휘한 게릴라 부대에도 유사하게 적용되었다. 마오쩌둥과 호치민은 테러전략을 자유롭게 사용하였을 뿐만 아니라 주민들로부터 지지를 얻기 위한 '전략적 메시지strategic messaging'를 공격적으로 활용하였다.

소모와 소진은 섬멸과 마비의 약점을 이용하는 전략개념이다. 섬멸전략이나 마비전략은 신속한 승리를 추구하지만, 소모전략과 소진전략은 전쟁을 장기화시켜 신속한 승리를 추구하는 적의 목표를 약점으로 전환시킨다. 소모는 물리적으로 약점을 가지고 있는 적을 상대로 구사하기에 최적의 전략이며, 소진은 약자가 군사적으로 강력한 적을 상대하여 제압할 수 있는 방법이다. 하지만 강력한 군사력을 보유한 군대도 상황에 따라 소모전략을 구사하기도 한다. 한편 이러한 전략을 채택하기 위해서는 반드시 상당한 정도의 정치, 문화적 인내가 필요하다. 예를 들면 '민족해방national liberation' 과 같은 정치 목표는 다른 형태의 군사작전에 비해 장기간에 걸친 군사행동, 높은 사상자 발생 등의 난관을 견뎌낼 수 있어야 한다. 인명손실에 민감하게 반응하는 서양사회의 독특한 문화적 성향은 역사적으로 진화하고 있는데, 그 이유가 무엇이던 간에, 사상자 발생에 대한 서양사회의 반응으로 인해서 특정전략을 채택하지 못하는 경우도 많다. 서양국가는 자국에 많은 인명손실이 발생하는 전략 채택을 기피하는 반면, 상대방을 공격하는 과정에서는 이러한 전략이 자주 사용된다. 또한 최초 채택한 전략이 실패할 경우에 소모전략이나 소진전략을 채택하여 재정비하는 방안도 고려할 수도 있다.

소모전략을 채택하기 위해서는 상대방의 전투력이 소모되는 양과 새롭게 생산되는 양을 비교하여 추적할 수 있는 적절한 매트릭스metrics가 필요하다. 하지만 소진전략을 채택할 경우에는 이와 같은 물리적 전투력에 대한 계산은 중요하지 않으며, 대신 건전한 의사결정 과정에 상대의 사기와 의지의 강도를 측정하는 절차가 반드시 포함되어야 한다. 그런데 아쉽게도 오늘날의 발달된 센서와 첨단 정보기술을 이용하더라도 전장에서 피아의 전투손실을 정확하게 파악하는 것은 쉬운 일이 아니다. 전장에 투입된 전투원은 자신이 입은 피해 정도를 숨기기 위해서 교묘하게 위장하거나 숨는 경우가 많다. 손상된 차량과 장비를 곧바로 수리하며, 죽거나 부상당한 군인은 정확한 인명손실에 대한 정보누출을 막기 위해서 전장에 매장하거나 조용하게 처리한다. 전시에 적의 인명손실과 전과를 부풀린 대표적 사례는 베트남 전쟁 중 미군이 사용한 소위 '사상자 실셈 신드롬body-count syndrome'일 것이다. 당시 미국 정부는 베트남 전쟁의 성공을 측정하는 도구로 적 사상자 수치를 중요한 기준으로 삼았다. 그런데 미군 지휘관이 작성한 보고서에 포함된 적 사상자 숫자가 대부분 부풀려졌으며, 이로 인해서 베트남 전쟁의 진행에 대한 정확하지 못한 평가와 비현실적 기대가 제기되었다. 훗날 많은 군사 비평가들이 지적하였듯이, 미군의 군사작전이 실시된 직후 적이 지상에서 입은 피해에 대한 평가는 시도조차 되지 않는 경우도 있었다. 1968년에 실시된 B-52 폭격기의 폭격 이후 적이 지상에서 입은 피해를 평가한 경우는 13.5%에 불과했다.

이와 유사한 사례는 제2차 세계대전 초기인 1940년의 영국전투 the Battle of Britain 기간 중 영국군과 독일군이 서로 격추시켰다고 보고한 적 항공기의 숫자가 2배 가량 부풀려진 것에서도 발견된다. (영국 공군은 약 2,700여 대의 독일 항공기를 격추했다고 주장했으나, 독일 공군 항공기의 실제 손실은 약 1,700여 대 정도였다. 반면 독일 공군은 3,200여 대의 영국 항공기를 격추했다고 주장했으나, 영국 공군의 실제

손실은 1,600여대에 불과했다.) 그런데 이처럼 잘못된 평가가 영국 공군에게 다행스럽게 작용했는데, 그 이유는 영국전투가 시작되는 시점에 영국이 독일 공군을 과대평가한 상태로 전투에 돌입했기 때문이었다. 반면 독일 공군은 영국 공군의 초기 전투력을 과소평가하였다. 따라서 전투가 지속될수록 독일 공군은 영국 공군이 실제 상태보다 훨씬 심각한 손실을 입어 영국 공군의 전투력이 소멸 직전에 도달한 것처럼 판단하였으며, 그로 인해서 더 위험한 작전을 감행하였다. 전체적으로 볼 때, 전쟁이 진행될수록 연합국은 자신들이 판단한 적의 전투력에 대한 통계수치의 불확실함을 극복하였는데, 이때 중요한 역할을 한 것은 지상에서 연합국 군대가 추축국을 강력하게 몰아붙여 압박한 것이었다. 이 과정에서 연합국은 추축국의 물리적 전투력 파괴와 인명손실이 미친 영향뿐만 아니라, 추축국이 점유하고 있던 영토를 향해 연합국이 진격하는 것도 포함하여 전쟁 진행경과를 평가할 수 있었다. 그러나 베트남 전쟁에서는 전쟁의 진행경과를 파악할 수 있는 이와 유사한 신뢰할 수 있는 변수들이 없었다. 미군이 점령하여 해방된 마을의 숫자나 훈련받은 남베트남 병력의 규모 등은 부차적 변수였을 뿐 핵심요소가 아니었다.

소모전략과 소진전략은 실행에 많은 시간이 필요한데, 이때 소요되는 시간을 틈타 적이 아군에 대응하기 위한 수단을 준비할 수도 있다. 이 기간을 이용하여 새로운 형태의 자원을 개발하거나 강력한 동맹국을 만들기도 하며, 더 나은 수준의 획기적 기술을 개발하기도 한다. 제2차 세계대전 중 연합국은 전투력을 가다듬을 시간이 필요했는데, 특히 소련이나 중국 등 일부 국가가 추축국에 항복하기 이전 혹은 추축국이 너무나 강력하게 팽창하기 이전에 이러한 준비를 마쳐야 했다. 전세가 연합국에게 유리하게 전개된 이후에도 독일은 연합국 중 일부 국가에게 막대한 타격을 줄 수 있는 강력하고 우수한 전차, 항공기, 로켓무기를 발전시키려는 노력을 멈추지 않았다.

하지만 연합국은 계속 진격하여 추축국의 영토를 빼앗았는데, 이 영토는 그동안 추축국이 인력과 다른 자원을 보충했던 공간이었다. 또한 연합국은 추축국 지도자들을 압박하여 이들로 하여금 준비가 부족한 상태 혹은 아직 최적화되지 않은 정책을 도입하도록 압박하였다. 당시 추축국은 연합국이 행사하는 압력을 견뎌 내거나 혹은 실수를 만회할 수 있을 만큼의 충분한 자원을 보유하지 못한 상태였다. 반대로 연합국은 다행스럽게도 여러 차례의 전략적 실수를 만회할 수 있는 물량 및 자원의 우위를 확보하고 있었다. 연합국이 채택한 전략적 실수 중 하나는 1943년에 이탈리아 반도를 점령하기로 한 결정이었는데, 이에 대해서는 많은 전문가들이 이탈리아 파시스트 정권의 몰락을 가져올 수 있을 뿐만 아니라 연합국 항공기가 자유롭게 활용할 수 있는 더 많은 비행장을 건설할 수 있는 공간을 확보한다는 측면에서 좋은 아이디어라고 평가하였다. 그러나 결론적으로 평가하면, 이탈리아 전역은 힘들고 비싼 대가를 치른 실패한 선택에 지나지 않았다.

지리geography나 지형terrain 등의 요소가 소모전략이나 소진전략의 성공을 어렵게 하는 것은 당연하다. 베트남 전쟁 중 미군은 베트남에 대한 소모전략 구사가 매우 어려웠다. 당시 북베트남군과 베트콩은 부대이동을 은폐하기 위해서 정글 초목지대를 이용했으며, 또한 인접국 캄보디아와 라오스가 이들에게 안전하게 피신할 수 있는 피난처이자 재무장 및 재편성할 수 있는 공간을 제공하였기 때문이었다. 이것이 이 지역의 정치적, 지정학적 상황이었다. 이와 유사한 사례는 미군이 아프가니스탄에서 실시한 항구적 자유작전Operation Enduring Freedom에서 알 카에다와 탈레반이 파키스탄을 안전한 피난처로 사용한 경우이다. 만약 베트남과 아프가니스탄의 물리적, 정치적 지리가 한반도에서와 유사한 방어가능한 비무장지대를 설치할 수 있는 상황과 유사했다면, 소모전략을 "영역 확보 이후 안전한 방어시설을 구축clear-hold-and-build"하는 작전과 연계하여 적용했을 경우 상대방의 소진전략에 맞서 성공했을 가능성도 높았을 것이다.

소모전략이나 소진전략을 적용하기 위해서는 다음과 같은 사항을 고려해야 한다. 첫째, 상대방과의 대결에 걸려있는 목표를 둘러싼 양측의 결의에 대한 비교평가이다. 둘째, 물리적 힘을 통해서 행사할 수 있는 영향력의 측정이다. 셋째, 해당 지역의 물리적, 정치적 지리 요소가 두 가지 전략을 구사하는데 어떻게 작용할 것인지 계산해야 한다. 어떤 종류의 군사전략이든지, 모든 군사전략의 실행에는 인명손실이 발생한다. 따라서 정치 및 군사 지도자는 소

모전략과 소진전략이 많은 인명손실을 수반하는 전략개념이라는
점을 제대로 이해하고, 이들을 채택 및 적용함에 있어서 신중해야
할 것이다.

참고문헌

- 루즈벨트 대통령의 1943년 연두교서 연설문State of the Union Address은 다음 자료를 참고할 것. Gerhard Peters and John T. Woolley, *The American Presidency Project* at http://www.presidency.ucsb.edu/ws/?pid=16386

- 스타크 제독의 발언은 H. P. Willmott, *Empires in the Balance: Japanese and Allied Pacific Strategies to April 1942*(Annapolis, MD: Naval Institute Press, 1982), 84쪽을 참고할 것.

- 야마모토 제독의 발언은 Ronald Spector, *Eagle against the Sun: The American War with Japan*(New York: Vintage, 1985), 64–65쪽을 참고할 것.

- 1965년 8월 27일부터 1968년 11월 13일까지 미국의 베트남 개입에 대한 미국 국민의 갤럽 조사the Gallup Poll 내용은 다음 출처에서 확인 가능함. http://www.gallup.com/vault/191828/gallup-vault-hawks-doves-vietnam.aspx?g_source=vietnam.

제4장. 억제전략과 강압전략
Deterrence and Coercion

로마의 군사 저술가 베게티우스Vegetius[20]는 "평화를 바라거든, 전쟁에 대비하라Si vis pacem, para bellum / If you want peace, prepare for war"는 아이러니가 담긴 의미심장한 명언을 남겼다. 평화를 이루기 위해서는 정반대 상황에 대한 준비가 필요하다고 역설한 것이다. 베게티우스가 남긴 이 명언은 인간의 본성에 대한 현실주의적 시각에 근거하는데, 여기에 억제의 핵심 논리가 담겨있다. 적이 공격하지 못하도록 단념시키기 위해서는 적의 공격이 패배로 끝날 것이라고 믿을 수 있을 만큼 강력한 태세를 보이거나, 혹은 패하지는 않더라도 최소한 막대한 피해를 입을 것이라는 점을 인식시켜야 한다는 논리이다. 하지만 전쟁에 대비하는 것이 평화를 확보하는 최선의 방책이 아닐 수도 있다. 자신을 무장하는 행동은 자칫 주변국의 공포와 불신을 자극할 수 있으며, 이 과정에서 적의 선제공격을 초

---

20) 베게티우스(Flavius Vegetius)는 4~5세기에 로마에서 군사 이론가로 활약하였으며, 『군사학 논고』De Re Militari라는 저서를 남겼다.

래할 수도 있으며, 오히려 피하려고 했던 상황을 자초할 가능성도 있다. 반면에 만약 내가 약해 보이거나 전쟁에 대한 대비가 부족한 것으로 인식되는 경우, 적이 나를 공격할 수도 있다. 이처럼 적의 공격을 억제하는 것과 적의 공격을 유발하는 것 사이의 경계는 명확치 않다. 이를 잘 보여주는 사례는 1912년에 프랑스와 러시아가 독일을 상대로 진행 중이던 군비경쟁에서 우위를 점하자 독일 내부에서 안보에 대한 불안감이 고조되었다. 결국 1914년에 독일 지도부는 군비경쟁에서 더 큰 간격이 발생하여 뒤처지는 불리한 상황에 처하기 보다는 선제전쟁을 시작하기로 결정하였다.

군사전략으로서의 억제와 강압은 함께 논의되어 왔는데, 그 이유는 이 두 전략이 정반대로 작용하기 때문이다. 일반적으로 억제抑制는 누군가에게 무엇인가를 하지 못하도록 힘을 행사하는 것을 말하는데, '공격 개시launch an attack'와 같은 행동이 여기에 해당한다. 반대로 강압强壓은 누군가에게 특정한 행동을 하도록 압박하는 것으로 이해할 수 있는데, '병력 철수withdraw their military forces' 와 같은 행동이 여기에 해당한다. 어떤 사람에게 특정한 행동을 하지 못하도록 막거나 설득하는 과정에는 하나 혹은 여러 단계의 강압행동이 포함된다. 이와 유사하게 어떤 사람에게 특정한 행동을 강요하는 과정에는 여러 가지 억제행동이 실행되어야 한다.

이와 같은 두 가지 형태의 군사전략은 전쟁에 임하는 적의 물리적 능력을 파괴하는 것 보다는 적의 싸우려는 의지를 꺾는 것과 깊은 관계가 있다. 그러나 각각의 전략은 적의 물리적 능력을 제거하거나 혹은 자신의 물리적 생산 능력을 향상시켜, 종국에는 적이 전쟁에 돌입하기 힘들 정도의 물리적 불균형을 조장하여 전쟁의 목적을 달성할 수도 있다.

그러나 이러한 물리적 불균형의 격차가 아무리 크다고 하더라도 이것을 사용하겠다는 정치적 의지가 수반되지 않는다면 억제와 강압이 가지고 있는 본질적 가치를 실현할 수 없다. 따라서 보유하고 있는 군사력의 사용여부에 대한 결정은 결국 주관적 판단에 따른다. 1936년에 히틀러는 영국과 프랑스가 독일에 비해 강력한 군사력을 보유하고 있다는 것을 잘 알고 있었다. 하지만 그는 만약 독일이 군대를 파견하여 라인란트를 점령하더라도 영국과 프랑스가 이에 군사적으로 대응하지 않을 것이라고 예측하였다. 그리고 이와 같은 히틀러의 예측은 적중하였다. 훗날 히틀러는 이 상황에 대해 회고하며, 영국이나 프랑스가 독일의 라인란트 점령에 대해서 군사적으로 대응하였더라면, "독일은 꼬리를 내리고 후퇴해야 했을 것이다"라고 말한 적이 있다. 하지만 당시 영국과 프랑스는 이 사건에 대해서 어떠한 정치적 의지도 피력하지 않았다.

전문가들은 '전쟁에 돌입하기 직전의 강압coercion conducted short of war'과 '전쟁 중의 강압coercion during war'을 구분하는데, 군사력 동원, 국경선을 연하는 지역에서의 군사훈련, 항공기에 의한 월경越境 비행 등이 전자에 해당한다. 전쟁에 돌입하기 직전의 강압전략에는 강압외교coercive diplomacy, 무장외교armed diplomacy, 강제 설득forceful persuasion 등이 있다. 영국과 프랑스가 추구한 평화는 히틀러의 팽창의지와 양립하였으며, 이에 따라 그가 1936년부터 1939년 사이에 채택한 강압외교는 효과적이었다. 히틀러가 강압외교를 활용하는 과정에는 억제와 강요의 요소가 복합적으로 작용하였다. 당시 영국과 프랑스의 정책결정자들은 자국이 보유하고 있는 군사력이 독일에 비해 우세하다는 것을 잘 알고 있었음에도 불구하고 또 다시 막대한 인명피해가 발생하는 전쟁을 시작해야 한다는 것에 부담을 가지고 있었다. 이러한 상황에서 히틀러가 구사한 전략이 영국과 프랑스의 외교관을 강압하고 억제한 것이다.

클라우제비츠를 포함한 군사 이론가들은 자신의 의지를 상대방에게 강요하기 위해서 군사력을 사용한다는 측면에서 강압을 전쟁의 기본목적으로 이해한다. 전쟁이 시작되더라도 외교가 단절되지 않으며, 항공기의 월경 비행과 같은 간단한 군사작전만으로도 전쟁이 시작될 수 있기 때문에 강압외교와 강압전략을 명확하게 구분하는 것은 쉽지 않다. 특히 평시와 군사력을 사용하는 '전쟁 이외의 군사작전MOOTW/military operations other than war'의 범주로 구분되는 안보환경에서는 이와 같은 구분이 훨씬 어렵다. 여기에 해당하는 군사작전에는 제재의 이행, 비행 금지구역 설정, 마약 퇴치작전 등이 있다. 이러한 군사작전에서 군사력을 사용하는 것은 강압외교를 이행하는 과정의 일부로 이해할 수 있는데, 왜냐하면 때때로 군사적 위협에만 그치지 않고 실제 군사력이 사용되어야 상대방에게 아군 군사력에 대한 신뢰를 높일 수 있을 뿐만 아니라 아군의 단호한 결의를 보여줄 수 있기 때문이다.

억제Deterrence

간략하게 설명하면, 억제란 누군가 무엇을 하지 않도록 설득하거나 막는 것이다. 군사전략으로서 억제는 내가 적의 공격을 물리칠 수 있는 물리적 능력과 강한 전투의지를 보유하고 있으며, 만약 적이 나를 공격할 경우 얻는 것보다 훨씬 막대한 손해를 당할 것이라고 믿도록 만드는 것이다. 전문가들은 억제의 유형을 다음과 같은 네 가지로 정리하여 제시한다. 첫째, 자신에 대한 공격을 억제하는 직접억제direct deterrence, 둘째, 동맹국이나 우방국에 대한 공격을 억제하는 확장억제extended deterrence, 셋째, 잠재적 위협을 억제하는 포괄적 억제general deterrence, 넷째, 임박한 공격을 억제하는 즉각 억제immediate deterrence이다. 파키스탄과 인도는 서로를 향한 직접억제를 행사하고 있는데, 두 국가는 서로 상대방이 취할 수 있는 공격행동을 억제하고 있다. 과거로부터 두 국가는 수차례 전쟁, 국경충돌, 교전을 치르는 과정에서 불안전하고 유동적 형태의 억제 상태를 유지하고 있다. 한편 유엔군은 1953년 7월 27일 이후 현재까지 한반도의 비무장지대DMZ를 따라 확장억제 임무를 수행하고 있는데, 이 기간에 한반도에서는 총격전을 포함한 수많은 군사 충돌이 발생하였다. 억제가 실패한 사례는 프랑스와 영국이 1939년 9월 1일에 시작된 히틀러의 폴란드 침공이 실행에 옮겨지지 못하도록 급박한 억제와 확장억제에서 실패한 경우이다.

냉전시대에 억제이론에 대한 연구가 광범위하게 진행되었으며, 이 과정에서 거론되었던 다양한 형태의 억제전략이 강대국과 동맹국에 의해 적용되었다. 핵무기의 강력한 파괴력을 고려하여 전면전이나 다른 형태의 전쟁에서 핵무기 사용을 막는 것은 대부분의 억제이론이 고심했던 부분이었다. 핵에 의한 억제는 '공포의 균형balance of terror'을 유지하는 것이 핵심인데, 어느 한 쪽이 핵 공격을 시작하는 경우 단순한 패배를 넘어서는 섬멸적 타격을 입게 될 것이며, 이러한 피해의 범위가 동맹국과 중립국으로까지 확대될 수 있다는 가정에서 출발한다. 그러한 맥락에서 저명한 전략가 버나드 브로디Bernard Brodie는 1946년에 정치 도구로서 '절대무기the absolute weapon', 즉 핵무기의 실효성에 의문을 제기하였다. 그는 핵무기로 인해서 군사전략 수립의 혁명적 신기원이 달성되었다고 분석하였는데, 그 이유는 핵무기를 보유한 상태에서 추구할 수 있는 정치목표는 두 가지, 즉 무력충돌의 회피와 봉쇄로 한정될 수밖에 없다고 주장하였다. 브로디 박사의 이론은 나중에 드와이트 아이젠하워Dwight Eisenhower 미국 대통령이 채택한 '대량 보복massive retaliations' 개념으로 발전하였는데, 이것은 먼저 공격하는 쪽을 군사적으로 완전히 파괴하겠다는 것을 골자로 하는 전략이었다. 아이젠하워 행정부는 이 전략을 1954년에 공식 채택했으나, 이 전략은 적용 대상에 제한점이 많아 오랫동안 지속되지 못했다. 예를 들면, 미국 본토와 동맹국이 어떤 형태의 공격을 받을 경우, 이를 격퇴하기 위해서 핵무기를 사용하겠다는 이 전략의 주요 골자는 그럴 듯해 보였으나 실현 가능성은 크지 않았다. 특히 소규모 적을 상대로 한 제한된 충돌 상황에서 핵무기를 사용하는 것이 비효율적이며 과도한 대응일 뿐만 아니라, 비도덕적일 수 있다는 비판이 제기되었기 때문이었다.

이에 따라 마오쩌둥을 포함한 몇몇 정치 지도자는 핵무기를 '종이 호랑이a paper tiger'라고 부르기도 했다. 한반도와 베트남에서 전쟁이 진행되는 동안 마오쩌둥이 핵무기의 특성에 대해서 언급한 내용이 그대로 적용되었다. 다시 말하면, 브로디 박사가 '절대무기'라고 불렀던 핵무기를 사용하여 민족해방과 연관된 군사분쟁의 팽창을 예방하거나 봉쇄하는 것은 불가능했다. 하지만 마오쩌둥이 핵무기에 대해 제시한 시각은 곧바로 수정되는데, 미국과 소련이 핵무기를 이용하여 상대방을 직접공격할 수 없다는 것을 이해하였기 때문이었다.

핵무기로 인한 공포의 균형이 곧바로 브로디 박사가 제시한 군사전략의 혁명적 변화를 가져온 것은 아니었다. 다만 이것은 새로운 전략적 현실에 직면한 것을 의미하며, 억제 이론가들에게는 과거에 경험하지 못한 새로운 형태의 도전이었다. 이 시기에 미국과 소련은 궁극적인 억제전략으로 상호확증파괴 정책, 즉 MADmutual assured destruction를 채택하였다. (영어 단어 '미치다mad'와 동의어인 이 전략이 채택된 이후 핵무기 사용에 의한 인명손실은 발생하지 않았다.) 상호확증파괴 정책의 기본개념은 어느 한 쪽이 상대방을 핵무기로 기습 선제공격a surprise first strike 할 경우, 공격을 받은 쪽이 이후 반격하여 보복공격 할 수 있을 정도의 충분한 능력을 보유하고 있다는 가정에서 출발한다. 그런데 이러한 정책이 제대로 작동하기 위해서는 쌍방이 서로가 상대방을 확증 파괴할 수 있을 정도로 충분한 제2타격 능력a second-strike capability을 보유할 수 있다는 점에 동의해야 했다. 그 결과는 이후 전개된 미국과 소련의 핵 정책에서 알 수 있듯이, 상호확증파괴MAD 정책은 곧 상호동의확증파괴MAAD/mutural agreed assured destruction로 발전한다. 상호동의확증파괴는 억제전략의 결과를 강조한 것인데, 즉 서로의 안보는 자신이 갖는 취약점에 의해 유지된다는 가정이었다. 달리 표현하면, 미국과 소련이 진심으로 평화를 추구한다면, 자신의 방어태세 내부에 어느 정도의 약점이 있음을 받아들이고 인정해야 한다는 것을 의미하는 것이었다.

1985년 당시 미국은 약 24,000여 발, 소련은 약 40,000여 발의 핵탄두를 보유하였는데, 이 수치에는 양국이 보유한 화학무기와 생물학무기는 포함되지 않았다. 이처럼 상황이 악화일로惡化一路로 치닫자, 두 강대국은 전략무기 제한회담SALT/the Strategic Arms Limitation Talks을 개최하여 자신들이 보유하고 있는 핵탄두 보유량을 제한하는데 합의하였다. 그리고 더 나아가 전략무기 감소회담START/the Strategic Arms Reduction Talks을 통해 보유하고 있는 핵탄두의 감소를 추진하였다. 이에 따라 미국과 소련이 2002년까지 보유한 핵탄두는 각각 11,000발로 줄어들었다.

이는 공포의 균형이 영향력을 발휘한 사례이며, 이를 통해서 두 강대국 사이의 핵전쟁 가능성이 줄어들었다.

1990년대 초에 경제적으로 황폐해진 소련이 붕괴되자, 냉전the Cold War도 종식되었다. 이와 같은 결과에 고무된 일부 전문가들은 이 현상을 억제전략이 성공한 결과로 분석하며, 이를 정당화시킬 수 있는 사례를 제시하였다. 물론 이와 같은 해석에 반대하는 학자들도 없지 않았는데, 이들은 냉전기간에 NATO와 바르샤바 조약기구 사이에 정면대결은 발생하지 않았지만, 라틴 아메리카와 아시아, 중동 등지에서 제한된 형태의 전쟁이나 국지전brush-fire war이 수차례 발생했다고 주장하였다. 이들은 1962년의 쿠바 미사일 위기와 1973년의 중동전쟁은 더 큰 전쟁으로 확전될 가능성이 많았던 대표적 사례로 지적하였다. 또한 일부 학자들은 1980년대에 미국의 레이건 행정부가 소위 '스타워즈Star Wars'라고 알려진 전략방위체계SDI/the Strategic Defense Initiative와 스텔스 기술 등 재래식 무기체계에 지나치게 많은 예산을 투자하는 과정에서 핵무기에 대한 억제정책이 위험할 정도로 약화된 점도 지적하였다. 그리고 이들은 서방 국가들the West가 냉전기간 동안 잘못한 여러 가지 실수에서 제대로 교훈을 배울 수 있었는지를 궁금해 하였다. 예를 들면, 탈냉전 시대의 다극화된 국제환경에서 미국을 포함한 서방 국가가 과거의 교훈을 바탕으로 향후에는 억제전략을 효과적으로 구사할 수 있을 것인지에 대한 의문이었다.

냉전이 종식된 직후부터 미국과 동맹국은 중국을 상대로 서태평양 지역the Western Pacific region에서 다양한 종류의 억제전략을 구사하고 있다. 중국도 직접억제 형태의 전략을 채택하였는데, 수백여 발의 지대함 탄도 미사일과 순양 미사일을 배치하여 타 국가의 해군 함정이 동중국해the East China Sea와 남중국해the South China Sea 내부로 접근하는 것을 거부하거나 제한하는 정책을 펼치고 있다. 중국은 이를 '반 개입反 介入/counter-intervention' 혹은 '주변방어周邊防禦/peripheral defense'라고 부르는데, 이 전략의 목적은 중국이 자국의 이익보호에 필요하다고 판단하는 해역海域을 간섭하는 외국세력을 저지하는 것이다.

반면 미국 국방부는 중국이 채택하고 있는 직접억제 전략을 '접근금지/지역거부A2AD, anti-access/area-denial'라고 분류하며 맞선다. 왜냐하면 중국이 채택한 전략 때문에 이 지역에 속한 동맹국에 대해 확장억제를 제공하려는 미국의 능력이 제한되기 때문이었다. 한편 중국이 채택한 '반反 개입' 전략에는 공군의 첨단 및 미사일 기술의 과시 외에도, 중국인들이 '정치 전쟁political warfare'이라고 부르는 것도 포함된다. 이것은 외부 개입세력의 모든 행동을 거부하겠다는 것이며, 심지어 적법한 행위에 대한 거부도 포함된다. 이러한 현상은 '법 전쟁law war/lawfare'으로 알려졌는데, 이 과정에는 미국의 개입에 반대하는 중국의 국민여론이 동원되어 심리전도 전개된다. 이와 같은 중국의 전략에 대응하여 미국과 동맹국은 독자적 A2AD 전략을 구상하였는데, 이것은 중국과 북한 함정이 서태평양 지역으로 이동하는 것을 제한하는 내용을 골자로 한다. 만약 미국이 구상하는 A2AD 전략이 실행된다면, 즉 중국의 정책에 맞서 미국을 포함한 서양이 대응전략을 구사할 경우, 환태평양the Pacific Rim에서는 중국과 미국의 미사일 및 공군 방어구역이 겹치지는 아찔한 상황이 전개될 가능성이 높다.

억제는 성공할 수 있으나, 동시에 여러 가지 중요한 한계도 가지고 있다. 첫 번째 한계는 자신이 구사한 억제전략이 얼마나 잘 작동하고 있는지를 측정하기가 어렵다는 점이다. 전쟁이 발발하지 않는 이유가 억제의 효과 때문인지, 아니면 억제 이외의 다른 무엇 때문인지를 정확하게 판단하는 것이 항상 가능한 것은 아니다. 미국 국가안보 보좌관을 역임한 바 있는 헨리 키신저Henry Kissinger는 "억제의 효과는 어떤 사건이 일어나지 않았을 때에야 비로소 확인할 수 있다. 다시 말해서, 어떤 사건이 발생하지 않음으로 인해서 그 효과를 확인할 수 있는 셈이다. 그런데 어떤 사건이 왜 발생하지 않았는가를 정확하게 입증하는 것이 불가능하기 때문에, 현재 채택하고 있는 정책이 최상의 효과를 가져 오는 것인지 혹은 꼭 필요한 만큼의 효과만 있는 것인지를 평가하는 것도 무척 어려운 일이 아닐 수 없다"고 주장한 바 있다.

억제의 두 번째 한계는 억제 그 자체에 내재된 취약점인데, 이것은 모호함ambiguity과 밀접하게 연관된다. 1980년대 중반까지만 하더라도 많은 전문가들은 억제를 상당한 정도의 기술, 군사, 정치, 외교 변수와 연관된 도박a gamble으로 인식하였다.

그러한 맥락에서 볼 때, 양측이 모두 전쟁을 회피하려는 강한 의도를 가지고 있지 않다면, 억제를 통해서 장기간의 평화유지를 기대하는 것은 정상적 접근이 될 수 없다. 기술, 군사, 정치, 외교적 맥락에서 힘의 역학관계는 시간이 흐름에 따라 변할 것이며, 이 과정에서 극단적 변화나 어느 한 쪽이 상대방에 비해 기회주의적 우위를 차지할 가능성도 배제할 수 없다. 예를 들면, 주력함을 기준으로 볼 때, 1890년대 영국 해군력은 제2, 3위인 프랑스와 러시아 해군력을 압도할 정도의 우위를 점유하였다. 그런데 1906년에 이 순위에 큰 변화가 발생하였다. 영국 해군은 여전히 1위를 유지하였으나, 미국 해군이 2위로 올라섰고, 프랑스 해군이 3위, 일본 해군이 4위, 그리고 독일 해군이 5위를 차지했다. 1913년이 되자 영국 해군은 계속 1위를 차지했으나, 독일 해군이 미국 해군을 초월하여 2위로 올라섰고, 프랑스 해군과 일본 해군은 공동 4위를 차지하는 변화가 발생했다. 즉, 제1차 세계대전 발발 직전 25년 동안 세계 해군력 균형에 최소 세 번 이상 변동이 발생하였다. 또한 이 과정에서 특정국가가 경쟁국에 비해 상대적으로 우세한 지위를 차지했으며, 그 결과는 급기야 무력충돌로 발전할 수 있는 여건이 되었다. 따라서 억제는 단순하게 의도하는 결과이자 지속적으로 주의가 필요한 과정이라고 생각해야 할 것이다.

세 번째 한계는 억제가 군사전략으로 성공하기 위해서는 상대방에 대한 자세한 파악이 중요하며, 특히 모든 잠재적 공격자를 억제할 수 없다는 점을 고려해야 한다는 점이다. 히틀러를 포함한 몇몇 침략자의 의도가 연기된 적은 있으나, 그의 침략이 완벽하게 억제되지는 않았다. 만약 어떤 침략자가 공격을 멈추었다면, 아마도 그들이 이를 통해서 더 많은 이익을 얻었기 때문일 것이다. 탈냉전 시기에는 자살 폭탄suicide bombing 현상으로 인해서 전통적 억제에 대한 이해에 많은 도전과 변화가 제기되고 있다. 예를 들면, 테러리스트는 자신이 죽게 될 것이라는 것을 알고 있었는데, 상황이 그렇다보니 미국에 대한 2001년 9월 11일의 테러공격은 막을 방법이 없었다. 만약 가상의 공격자가 죽음을 두려워하지 않는다면, 어떻게 이들을 억제할 수 있을 것인가?

최근 들어 소위 광적이거나 비이성적 행위자irrational actors를 억제할 수 있는 방법에 대한 다양한 이론이 제기되고 있다. 이들 중에는 (방어체계 강화, 주요시설 분산 등이 포함된) 자살폭탄 공격에 대한 거부denial도 거론되는데, 구체적으로는 이들이 실행하려는 공격으로는 자신들이 추구하는 (대규모 사상자 발생과 같은) 효과와 목표의 달성 가능성이 희박하다는 점을 보여주는 것이 핵심이다. 또한 자살공격이 실시된 이후에 서양 국가가 테러리스트가 속한 조직을 대규모로 보복타격 함으로써 자살공격으로 인해 오히려 자신들이 치명적 손해를 입게 될 것이라는 점을 인식시키는 것도 포함된다. 물론 이와 같은 수단의 성공여부를 판단하기는 쉽지 않다. 자신이 채택한 수단의 성공여부에 대한 평가가 힘들기 때문에 각 교전자가 추구하는 개별 가치가 충돌하는 상황에서는 이러한 어려움이 복잡미묘하게 작용하는 것이다.

네 번째 한계는 억제를 다른 형태의 군사전략과 비교하기 위한 시각의 유사성similarity in outlook이나 기대치의 기준이 필요한데, 이를 통해서 각자는 상대방의 반응과 대응을 이해할 수 있어야 한다는 점이다. 시각의 유사성을 설명하는 한 가지 방법은 '합리적 행위자rational actor' 개념의 도입이다. 이 개념은 다양한 방식으로 사용될 수 있으나, 현재 상황에서는 어떤 행위자이건 군사행동에서 발생하는 이익과 비용에 동등한 가치를 부여하는 경향을 의미한다. 이러한 기준이 없으면 수많은 오해가 발생할 것이며, 자칫 과잉대응으로 연결될 수 있다.

반면에 미국 RAND연구소의 군사 분석가 허만 칸Herman Kahn 박사가 제시하는 이론은 합리적 행위자 모델을 고려하지 않는 대표적 사례이다. 칸 박사는 과거 상황에 들어맞는 지혜는 미래 상황에 적용하기 힘들다고 지적하는데, 그는 합리적 행위자 모델이 과거에는 이성적인 것이라고 평가하였으며, 이를 통해서 핵전쟁을 시작하는 것이 자살과 같은 것이라는 결론에 도달할 수 있었다고 분석하였다. 대신에 그는 '생각할 수 없는 것을 생각think the unthinkable해야 한다'고 주장하며, 심지어 핵무기를 사용한 상호 타격전에서도 승리할 수 있다고 분석하였다. 그는 자신의 주장을 뒷받침하기 위해서 45개 계단으로 설계된 사다리 이론을 개발하였는데, 이 사다리의 마지막 단계는 '경련Spasm'이나 '무감각 전쟁Insensate War'에 해당한다. 이 단계에 도달하면 양측 모두 지휘 및 통제본부가 파괴되지만, 마치 거미가 죽은 뒤에도 다리에 여전히 경련이 일어나고 있는 것처럼 무의식적으로 무기를 사용한다. 칸 박사의 이론에 따르면, 어떠한 경우에도 양측이 모두 사다리를 내려가는 선택, 즉 상황을 완화시키는 선택은 이뤄지지 않는다. 그러나 그의 분석에는 공포, 마찰, 문화, 심리 등의 영향력이 무시되었는데, 이와 같은 요소의 영향력으로 인해서 상호위협이 고조된 이후에는 전쟁을 막기 힘들다. 한편 칸 박사는 핵전쟁을 이길 수 있는 전쟁으로 상정하였으나, 핵전쟁으로 치닫는 상승과정을 지나치게 단순화시켜 결국 국가 지도자에게 자신들이 추구하는 전략적 계산에서 과도한 위험을 감수해야 한다고 주장한다. 간략하게 표현하면, 그가 제시하는 이론을 신봉하는 국가 지도자는 다른 전략가가 '비합리적'이라고 판단한 것을 선택하는 셈이다. 따라서 그의 이론은 두꺼운 안개가 내려앉아 상황을 정확하게 판단할 수 없는 국제관계 영역보다는 모든 것이 투명하게 전개되는 게임이론 영역에 더 적합하다고 평가할 수 있다.

마지막 한계는 억제가 미묘한 힘의 균형에 근거하여 제시되는 전략이기 때문에 다른 형태의 군사전략에 비해 마찰과 우연friction and chance에 취약하다는 점이다. 단어의 정의에서 알 수 있듯이, 크건 작건 간에 사고accidents는 피하려는 노력에도 불구하고 혹은 피하려고 했기 때문에 발생한다. 그런데 전략의 영역에서 볼 때, 과연 사고가 정말로 우발적으로 발생했는지의 여부를 판단하는 것은 쉽지 않다. 예를 들면, 상대국 국경선을 넘어간 항공기가 단순한 사고에 의해 사라진 것인지, 아니면 특수임무를 수행하던 중 사라진 것인지는 판명하기 쉽지 않다. 다양한 사고와 예측하지 못한 사건에 대한 양측의 반응을 분석하면 억제를 쉽게 무너뜨릴 수 있는데, 특히 쌍방 간의 의사소통을 위한 노력이 잘못 전개되는 경우에는 더욱 그러하다. 또한 핵 억제의 상황에도 이러한 분석을 적용할 수 있다. 양측이 보유한 핵무기의 파괴 능력과 각자가 보유한 핵무기로 상대방을 타격하는 속도를 산출하는 과정에는 착오가 있어서는 안 된다. 따라서 이러한 사안을 처리하는 경우에는 쌍방 간의 의사소통이 중요하다. 또한 이 과정에는 문화적, 심리적 여과장치가 마찰의 형태로 작용하기도 하며, 때로는 궁극적으로는 한쪽이 전달하고자 하는 메시지가 왜곡될 수도 있다. 그렇다고 해서 모호함ambiguity이 항상 전략에 부정적 효과만 가져오는 것은 아니다. 상황의 모호함 때문에 상대방에게 나의 입장이 무엇인지를 예측하도록 강요한다는 점에서는 유용하다. 예를 들면, 모호함은 1979년에 미국이 대만 관계법the Taiwan Relations Act[21]을 제정하는 과정에서 내세운 핵심원칙 중 하나였다. 당시 이 법안은 미국은 대만이 중국으로부터 독립하는 것, 즉 2개의 중국을 인정하지 않는다고 명시하였다. 그러나 이와 동시에 이 원칙은 공식문서에 언급된 두 국가—미국과 대만—사이의 '굳건한 비공식 관계robust unofficial relationship'라는 표현의 근간이 되기도 했다.

---

21) 대만 관계법(Taiwan Relations Act)은 1979년 4월에 미국 의회에서 제정된 미국 국내법이다. 미국이 1979년 1월 1일부터 중국(Peoples Republic of China, 중화인민공화국) 정부를 정식으로 승인한 이후, 대만(Republic of China, 중화민국)과의 비공식 관계를 설정한 법안이다.

강압Coercion

억제와 마찬가지로 처벌, 거부, 협박, 보상과 같은 수단을 동원하는 강압전략도 과거로부터 다양한 형태로 사용되고 있다. 로마군은 여러 가지 형태의 선제공격을 감행했는데, 이러한 공격의 목적은 상대를 섬멸하거나 노예로 만들기 보다는 강압하기 위한 것이었다. 로마인들은 패자를 혹독하게 처벌하였으나, 로마 제국이 궁극적으로 달성하고자 했던 것은 적에 대한 파괴ruins가 아니라 복종 강요tribute였다. 중세시대에도 이와 유사하게 적을 처벌 및 거부하기 위한 강압전략이 자주 사용되었는데, 구체적으로는 적에 대한 가축 약탈, 곡식 방화, 세금 부과 등의 형태로 나타났다. 전쟁사에는 강압과 관련된 사례가 아주 많지만, 대량파괴 양상이 주를 이뤘던 산업시대의 전쟁과 핵무기가 개발됨에 따라 강압, 즉 전면전쟁으로 발전하기 직전의 상황에 활용할 수 있는 군사전략으로서의 강압 (혹은 국제관계 용어로는 강요)을 적용하는 방안에 대해서는 다시 고민해야 했다.

1950년대와 1960년대에 군대에서 복무하였으며, 이후 국가안보 분석가로 활동한 로버트 오스굿Rober E. Osgood 박사는 제2차 세계대전과 같은 적에 대한 압도적 타격을 넘어서는 군사력 사용을 고민했다. 그가 1957년에 발간한 『제한전쟁 : 미국의 전략에 대한 도전』

*Limited War : The Challenge to American Strategy*이라는 저서에서 전쟁의 목적은 "외교로부터 전쟁 발발 직전의 위기에 이르기까지, 그리고 종국에는 무력충돌에 이르기까지 계속되는 일련의 스펙트럼이 진행되는 과정에서 자신이 원하는 바를 상대방의 의지에 영향을 미치도록 교묘하게 힘을 행사"하는 것이라고 설명하였다. 그는 잘 계산된 군사력 활용을 통해 상대방의 행동을 바꿔놓을 수 있다고 주장하였다. 1950년대 후반에 제시된 오스굿 박사의 아이디어는 혁명적이었으나, 다른 한편으로는 보편적인 것으로 이해되었다. 왜냐하면 격렬한 협상의 형태로 진행되는 강압은 전쟁만큼이나 오랫동안 사용되어 왔던 전략이었기 때문이다. 20세기 중반까지만 하더라도 더글라스 맥아더Douglas MacArthur 장군과 같은 군인들은 전쟁의 진정한 목적을 결전을 통한 승리라고 생각하였다. 이들은 군사적 승리를 통해 차후 정치협상에서 유리한 입장을 확보할 수 있으며, 혹은 아예 정치협상 그 자체도 필요 없는 것이라고 생각하였다. 이들에게 있어서 정치협상은 적에 대한 강압적 승리를 얻지 못한 이후 취하는 조치였다.

오스굿 박사는 외교와 전쟁을 '연속된 스펙트럼a continuous spectrum'으로 분석하였는데, 이는 정치와 군사 당국의 담당업무를 명확하게 구분하였던 당시의 이론과는 큰 차이가 있었다. 갈등 혹은 전쟁의 스펙트럼은 필요에 의해 법적, 교리적, 관료주의적 목적에 의해 구분되기도 하지만, 오스굿 박사는 정책결정자와 군사 전문가에게 이와 같은 구분이 인위적이며 불필요하다고 주장하였다.

따라서 그의 이론에서 전략적 강압이란 다른 수단에 의한 외교의 연속이었다.

　오스굿 박사의 저서 『제한전쟁』이 출간된 직후, 노벨 경제학상을 받은 하버드대학교 출신 경제학자 토마스 셸링Thomas C. Shelling이 중요한 전략 이론가로 부상했는데, 그는 강압의 개념에 대한 체계적 탐구와 분석을 제시하여 많은 관심을 받았다. 그는 군사전략 분야에서 큰 파장을 일으켰던 『무기와 그 영향력』Arms and Influence이라는 저서를 저술하였는데, 이 책에서 그는 군사력은 전면전쟁 직전에 적의 행동에 영향을 줄 수 있을 뿐만 아니라 강요, 위협, 저지에 도달하기 위한 통제되고 계산된 방식으로 활용할 수 있다고 주장하였다. 셸링 박사는 "적을 손상시킬 수 있는 힘은 협상력이다. 이러한 힘을 극대화시키는 것은 외교이다. 외교는 잔인하지만, 이것이 외교다"라고 주장하였다. 따라서 강압 혹은 잔인한 외교의 목표는 상대방의 행동을 변화시키는 것이며, 이 과정에서 자신이 추구하는 목표와 정책에는 큰 변화가 없다. 셸링 박사는 대부분의 군사적 충돌을 '협상 상황bargaining situations'으로 분석하였는데, 이러한 주장은 전쟁에 대한 '협상 모델bargaining model'의 근간이 되었다. 이 모델에 따르면, 군사력은 격렬하게 진행되는 물물교환의 과정에서 확장된 통화의 한 형태로 사용될 것이었다. 그런데 이 이론의 문제점은 미국이 베트남 전쟁을 수행하는 과정에서 잘 드러났다. 그것은 북베트남이 미국이 자신들에게 부과하는 모든 고통을 참아내는 현상이었다. 그 결과 미국의 정치 지도자들은 자신들이 추구하는 '명예로운 평화a honorable peace'라는 목표를 달성하기 위해서 어떤 조건을 내세워야 할 것인지 조차 알지 못하는 상황이 전개되었다.

반면, 미국 육군이 북아메리카의 대평원에 거주하던 인디언 부족을 제압하는 과정에서는 강압외교가 어떻게 전개되었는지를 잘 보여준다. 1865년부터 1890년 사이에 미국 육군은 대평원에서 거주하던 인디언 부족과 약 1,000여회 이상의 교전을 벌였는데, 이러한 교전의 목적은 인디언 거주지를 가치가 낮은 외곽지역으로 재조정하여 이주하도록 강압하기 위한 것이었다. 또한 이러한 정책을 추진하는 과정에서 발생할 수 있는 비인간적 조치에 대한 여론의 반감을 잠재우는 것도 중요한 과제였다. 미국 육군이 추진한 이러한 정책은 당근과 채찍 (그리고 보상과 처벌)에 근거한다는 측면에서 강압의 특성을 가지고 있었다. 당시 미국 육군이 채택한 강압전략에는 거주지 이동에 따라 식량과 보호소를 제공했다는 긍정적 자극제와 더불어, 이를 거부하는 부족을 처리하기 위해서 군사력을 동원했다는 부정적 요소가 모두 포함되어 있었다. 군사적 요소, 즉 채찍에 해당하는 부분은 전통적으로 군대가 전쟁에서 수행해 왔던 것을 그대로 포괄하고 있었는데, 그것은 상대방의 싸우거나 저항하려는 능력에 대한 공격이었다. 따라서 미국 육군이 채택한 전략에는 소모, 소진, 테러 등이 혼합되어 있으며, 여기에 인디언 부족을 분리하거나 정복하는 방안이 함께 적용되었다. 미국 육군에게 거주지, 식량, 가축을 빼앗기고 포로로 잡힌 인디언 부족은 대부분 저항하려는 의지를 상실했는데, 강한 추위가 몰아치는 겨울이나 가뭄이 심한 여름에 이들의 물리적, 심리적 피해가 극심했다. 이처럼 자신들이 보유한 재산과 재화가 파괴되거나 탈취당한 인디언 부족은 대부분 미국 정부가 제시하는 재배치와 이주정책을 수용하였다. 이와 같이 위협, 협상, 공격, 재협상, 새로운 위협 등이 반복적으로 지속되는 무자비한 강압의 과정은 미국 정부가 추구하는 목표를 달성하는 순간까지 반복적으로 시행되었다.

강압전략을 연구하는 이론가들은 1990년대에 서양 국가의 공군이 보유한 첨단 스텔스와 정밀폭격 기술의 발달로 인해 성능이 향상된 공군력을 활용하기 위해 새로운 전략개념을 고안하였다. 이시기에 등장한 새로운 기술은 강압전략을 행사하는 공군의 임무수행에 상당한 정도의 융통성을 부여하였는데, 예를 들면 이들은 아군의 인명피해가 거의 발생하지 않는 채 상대방을 조용하고 신속하게 타격하는 것이 가능하다고 믿었을 정도였다. 이처럼 1990년대에 발달된 군사기술을 활용한 강압전략의 개념이 제기되자, 과거에 유행하던 셸링의 이론이 다시 주목을 끌기 시작했다. 이 시기에 전개된 셸링의 이론에 대한 관심과 수용은 두 가지 형태였다. 첫 번째는 강압전략은 위협이 제기되지 않았을 때 가장 성공적이라는 주장인데, 실제 사용된 위협이나 이미 가해진 고통보다는 장차 군사력을 사용하겠다고 제시된 위협이나 앞으로 다가올 고통에 따른 위협이 중요하다는 내용이었다. 이러한 사례는 1994년에 아이티Haiti에서 발생한 군사 쿠데타 주도세력을 미국 정부가 반대했으며, 이에 대한 표시로 군사력 투입을 암시하기도 했다. 이 경우 미국의 위협은 효과를 발휘하여 장-버트랑 아리스타이드Jean-Bertrand Aristide 대통령을 몰아냈던 쿠데타 세력 중 어느 누구도 미국에 대항하려 하지 않았으며, 이후 아리스타이드 대통령이 다시 권좌로 복귀하였다. 반면에 1990~1991년에는 미국이 훨씬 강경한 입장에서 사담 후세인Saddam Hussein에게 이라크군을 쿠웨이트에서 철수하도록 압박하였으나, 이 시기의 강압은 성공하지 못했다. 결국 사담 후세인을 몰아내기 위해서는 군사력을 통한 전투, 즉 실제 군사력 동원과 사용이 필요했다. 더구나 군사력 위협에 대해 강압을 제한하는 것은 거의 모든 전쟁에서 이러한 현상이 자주 발생한다는 사실을 간과할 수 있는 위험이 상존한다. 이를 통해서 전쟁을 상대방에게 나의 의지를 강요하기 위해서 힘을 사용하는 것이라고 정의한 클라우제비츠의 의도를 되새기는 계기가 되었는데, 이는 제노사이드genocide나 특정집단에 대한 소멸정책에도 적용할 수 있다. 제노사이드나 특정집단의 소멸과 근본적으로 차이가 있는 인종청소ethnic cleansing 역시 특정지역에서 상대를 몰아내기 위해서 강압을 행사하는 것으로 해석할 수 있다.

두 번째는 강압전략을 군사적 실패에 의해 파생되는 위협이 갖는 기능 중 하나로 평가하는데, 이러한 생각은 상대방의 군사적 능력을 체계적으로 파괴하는 것과 연관된다. 이는 또한 상대방이 자신의 의지를 내세우는 것 보다는 아군의 강압에 순응하는 것이 더 낫다는 결론에 도달할 때까지 지속적으로 파괴하는 것을 말한다.

이러한 현상은 거부에 기초한 강압으로 알려졌는데, 왜냐하면 어느 한쪽이 자신의 목표를 달성할 수 있는 능력에 대한 파괴를 통한 거부가 핵심이기 때문이다. 이와 같은 형태의 강압은 1999년에 NATO군이 세르비아의 슬로보단 밀로세비치Slobodan Milosevic 대통령이 지휘하는 세르비아 군대에 대해 대규모 폭격을 감행했을 때 잘 드러났다. 이때 NATO가 추구했던 목적은 세르비아 군대를 코소보에서 철수시키는 것이었는데, 이 목표를 달성하기 위해 NATO군의 폭격작전은 밀로세비치 대통령의 군사적 능력을 체계적으로 제거하였다. 하지만 밀로세비치 대통령이 코소보에서 실제로 병력을 철수시킨 시기는 NATO군의 폭격이 시작된 지 7주나 지난 1999년 7월 3일 이후였다. 이 시기에는 NATO의 지도자들이 코소보 지역에 지상군을 파견하는 방안을 공개적으로 논의하기 시작했으며, 연합국 내부에서는 이 사안에 대해 아무런 이견을 제기하지 않았다. 특히 기존에는 세르비아를 지지하던 러시아가 이 시기에는 NATO와 협력한 것이 중요한 전환점이었다. 이처럼 상황이 급박하게 전개되자 밀로세비치는 자신이 추구하는 목표를 달성할 수 있는 가능성이 사라졌음을 간파하였다. 물론 그가 굴복하여 군대를 철수시키는 과정에 NATO가 구사한 전략이 얼마나 중요하게 작용했는가를 측정하는 것은 쉬운 일은 아니다. 전쟁이 종료된 이후 공군주의자와 지상군주의자는 밀로세비치를 굴복시키는 과정에서 가장 효율적으로 사용된 군사력과 병종兵種이 무엇이었는지에 대한 논쟁을 벌였다. 하지만 지상군이나 공군 중 어느 것도 결정적인 역할을 했던 것 같지는 않다. 미국의 국가안보 보좌관을 역임한 바 있는 지브그뉴 브래진스키Zhigniew Brezinski 박사는 향후 NATO는 러시아와의 협력을 강화하여 세르비아에 더 많은 영향력을 행사해야 한다고 주장하였다.

여기에 해당하는 또 다른 사례는 2003년 12월에 리비아의 무아마 카다피Muammar Qaddhafi 대통령이 대량살상무기WMD를 제거하기로 합의하고, 국제기구로부터 이들에 대한 사찰과 확인을 받기로 수용한 결정이다. 전문가들은 왜 이 시기에 카다피 대통령이 이러한 결정을 내렸는가를 둘러싸고 논쟁하였다. 장기간 지속된 리비아에 대한 국제사회의 외교적 압력과 경제 재제가 효과를 발휘했기 때문이었으며, 또한 미국이 2002년에 아프가니스탄과 2003년에 이라크에서 사용한 군사력이 리비아에도 동일한 형태로 사용될 것이라는 예측이 카다피의 결정에 영향을 미쳤다고 분석할 수도 있다.

육군과 해군, 공군은 1999년의 코소보 전쟁과 2003년의 리비아 사태에서 자신들이 사용한 수단이 우수하고 효과적이었다고 주장하였다. 하지만 어떤 형태의 군사력이나 특정 군사수단이 이러한 사태를 해결하는 과정에서 결정적 효과를 발휘했는지를 판정하는 것은 쉽지 않다. 서양 국가가 성공적 강압전략을 구사했던 기록을 살펴보면, 막강한 최신 공군력을 보유하고 있더라도 다양한 수단이 복합적으로 작용되었음을 알 수 있다. 전시뿐만 아니라 평시에도 단일수단으로 어떤 문제를 해결할 수 있다고 주장하는 것은 바람직하지 않다. 따라서 여러 가지 상황분석을 통해서 하나의 결정적 강압수단이 무엇이었는지 판단하려고 시도하기 보다는, 최상의 방안을 강구할 수 있다면 강압전략이란 본래부터 외교, 군사, 경제, 정보 자산을 혼합한 형태로 적용하는 것으로 생각하는 것이 바람직할 것이다. 이와 같은 수단을 활용할 경우에는 특정사안에 대한 제재해지와 같은 당근carrots의 사용을 원천적으로 배제하는 것은 바람직하지 않다. 심지어 이와 같은 조치를 취하는 것이 강압전략의 원래 의도와 정반대로 작용하더라도 이들을 무조건 배제할 경우 심각한 문제를 초래할 수 있다. 실전에서 전략을 채택하고 지속적으로 유지하는 과정에서 고려해야 할 것은 어떤 전략의 정의나 개념이 아니라, 채택한 전략의 실질적 성공 가능성이다.

억제와 마찬가지로, 강압에도 다양한 한계가 내포되어 있다. 이 전략을 사용하기 위해서는 유동적으로 변하는 상황을 수시로 관찰해야 하며, 문화 및 심리적 경계를 넘어서 신뢰할 수 있는 의사소통이 필요하며, 특정한 행동에 대한 기대감의 공유도 필요하다. 다른 군사전략과 마찬가지로, 강압전략은 투영mirror-imaging, 즉, 적에 대한 잘못된 판단(적이 자신과 동일한 방식으로 생각하고 행동할 것이라는 믿음) 혹은 상대방에게 자신의 가치와 사고방식을 이입하는 상황에서 문제가 발견된다. 이 전략을 구사하는 경우 경쟁자가 무엇을 소중하게 여기는지, 그리고 이들이 어떻게 행동할 것인지에 대해 확인되지 않은 위험한 가정을 시도해야 한다. 베트남 전쟁에서 미국이 채택한 공군에 의한 지역폭격의 실패는 투영mirror-imaging

에서 비롯되었는데, 미국 정책결정자들은 북베트남 지도자들이 자신들과 유사하게 행동할 것이라고 가정한 것이 문제였다.

이론상으로 강압전략은 소모전략이나 섬멸전략에 비해서 상당한 정도의 융통성을 가질 수 있으며, 또한 고조된 긴장도 통제할 수 있다. 예를 들면, 누군가 제한된 목표를 달성하기 위해서 '점진적 압박graduated pressure'의 형태로 군사력을 사용할 수도 있는데, 러시아와 중국이 2010년대에 접어들어 구사한 전략이 이와 유사하다. 구체적으로 살펴보면, 중국은 위협을 행사하기 위한 첫 번째 단계로 자국의 군사력을 과시하며, 이후에는 남중국해 지역에서 섬 몇 개를 선점하는 방식으로 점차 군사력을 증강할 것이며, 그 다음 단계로는 병력증강을 통해서 군사력의 강도와 범위를 강화시키거나 혹은 자신들이 추구하는 목표가 달성될 때까지 주변지역에 대한 방어수단을 증가할 것이다. 이와 같은 진행과정을 중단시키기 위해서 상대방은 적극적이고 분명하게 군사력을 과시해야 하는데, 자칫 갑작스럽게 군사력을 증강해야 하는 상황에 이를 충족시키지 못하는 경우가 종종 발생한다. 하지만 어떤 국가는 이와 같은 방법으로 적과의 긴장고조의 한계에 도달하기 직전까지 작전을 수행하면서 자국의 힘과 세력을 점진적으로 행사할 수 있다. 이론적으로는 한 국가는 일단 전쟁의 시작을 알리는 총성이 울린 이후에는 필요 이상의 군사력이나 자국 국민의 동의의 범위를 넘어서는 수준의 군사력을 동원하지 않고도 이와 동일한 접근을 유지할 수 있다. 하지만 실전에서는 점진적 방법이 상대방에게 주도권을 넘겨줄 수 있는 상황이 전개되는 등 위험 정도의 역효과를 낳을 수도 있는데, 특히 상대방의 위기 고조를 피하려고 하지 않는 경우에는 더욱 위험하게 전개될 수 있다.

한편 점진적, 단계별로 군사적 압력을 사용하여 최소의 비용으로 자신이 추구하는 목표를 달성하는 것도 가능하다. 그러나 군사적 압력을 점진적으로 구사함으로써 분쟁이 장기화되고, 아군의 손실이 늘어나며, 종국에는 자기가 추구하는 목표달성이 어려운 상황에 처할 수 있다. 이러한 상황은 자국의 정치권력이 해당 사안에 대해서 무관심하거나, 적극적 개입을 꺼려하며, 또한 이에 대한 여론이 분리된 경우에 해당된다. 마찰과 인간 감정의 영향으로 인해서 동원해야 할 군사력 규모를 기준으로 측정하거나 통제하는 것이 불가능할 수 있다. 미국의 존슨 행정부는 베트남에 대한 미국 정부의 점진적 접근이 상황을 호전시킬 것이라고 기대하였다. 여기서 말하는 희망이나 기대감이란 베트남에 투입될 미군의 규모를 일부만 증강시키더라도 미국이 베트남에서 추구하는 목표를 달성할 수 있는 가능성이 증가할 것이라는 긍정적 희망을 의미한다. 그러나 과연 미국이 개전 초기부터 더 많은 병력을 투입했더라면 궁극적으로 미국이 전쟁에서 승리를 거두거나 혹은 유리한 조건에서 전쟁을 종결할 수 있었을 것인가에 대한 예측은 명확치 않다. 다만, 개전 초기에 대규모 부대를 베트남에 파병하는 방안에 대해서 미국 국내 정치계의 지지율이 높지 않았던 점은 고려해야 할 것이다.

요약하면, 억제와 강압은 동전의 양면과 같다. 상대방에게 어떤 것을 하지 못하도록 하는 것은 상대방에게 다른 어떤 것을 하도록 강요하는 것과 밀접하게 연관된다. 따라서 이 두 가지 전략의 성공 요건은 유사하거나 동일하다. 여기에 포함될 요소는 상대방에 대한 확실한 지식과 정보, 신뢰할 수 있는 자국의 군사력, 적에 대한 적극적인 감시, 국민과 신뢰할 수 있는 의사소통과 기대감의 공유 등이다. 특히 마지막 두 가지 요소—의사소통과 기대감의 공유—가 제한되는 경우 억제와 강압에는 예상치 못했던 문제가 발생할 가능성이 높다. 성공의 조건이 항상 명시적이지 않으며, 어떤 전략을 사용하건 간에 군비경쟁으로 치달을 수 있는데, 여기서 군비경쟁이란 상대방의 군사적 능력을 감안하여 보조를 맞추거나 혹은 추월하기 위하여 노력하는 것으로 이해할 수 있다. 수많은 과거 사례에서 알 수 있듯이, 군비경쟁은 억제와 강압을 단행하기 위한 수단으로 도입되는 경우가 많았다.

참고문헌

- 헨리 키신저의 억제에 대한 평가는 Henry Kissinger, *Diplomacy*(New York: Simon & Shuster, 1994), 608쪽을 참고할 것.

- 토마스 셸링이 제시한 '잔인한 외교vicious diplomacy' 개념은 Thomas C. Schelling, *Arms and Influence* (New Haven, CT: Yale University Press, 1966), 2쪽을 참고할 것.

제5장. 테러와 테러리즘
Terror and Terrorism

유혈로 얼룩졌던 알제리 독립전쟁(1954~1962) 시기에 알제리 총독을 역임했던 프랑스의 자크 소스테르Jacques Soustelle는 "테러는 믿기 어려울 정도로 강력한 심리적 무기이다"라고 주장하였다. 그는 "목이 잘려나간 이들의 몸통과 불구가 된 이들의 찡그린 얼굴 앞에서 저항할 수 있는 모든 힘은 사라졌고, 이처럼 봄(희망)은 꺾였다"고 회고하였다. 알제리에서 발생한 이 군사 분쟁에서 약 100만 명 이상의 인명손실이 발생했다. 물론 이러한 인명손실이 모두 테러에 의해 발생한 것은 아니었다. 테러는 다음의 두 가지 유형으로 구분할 수 있다. 첫 번째 유형은 제2차 세계대전 기간 중에 자주 사용되었던 전략폭격 등 적 국민의 사기를 꺾기 위해 시도하는 무차별 폭격이다. 또 다른 유형은 알제리 독립전쟁 중에 알제리 민족주의자들이 채택했던 정치 지도자에 대한 암살과 같이 선별된 목표에 대한 정확한 공격이다. 테러와 테러리즘은 모두 군사전략으로 간주할 수 있는데, 왜냐하면 이들이 강압적 힘 혹은 군사력을 근간으로 사용하기 때문이다. 이 두 가지 군사전략은 상대방의 전투의 지를 소진하거나 적의 정책과 행동에 변화를 가져오기 위한 목적에서 사용된다. 테러리스트들은 목표를 선정할 때 물리적 이익보다는 심리적 효과에 더 큰 비중을 둔다. 테러공격으로 어떤 국가가 전투수행에 필요한 물리적 능력을 타격하여 피해를 입히는 경우는 흔치 않다. 또한 테러는 특정국가의 군사전략에 국한되지 않고 최근에는 범죄 및 마약조직이 자신을 보호하거나 상대방에게 경고를 보내기 위한 목적에서 자주 활용한다. 인간 사회에서 적을 강압하거나 겁을 주기 위한 목적으로 테러를 활용한 것은 오래전부터였는데, 오늘날에는 발달된 디지털 통신기술을 활용한 테러가 더욱 확산되고 있다. 테러가 발생한 순간에 나타나는 구체적 효과가 빠른 속도로 전 세계에 전달되어 그 효과가 극대화되기 때문이다.

소스테르가 지적했던 것처럼, 만약 테러가 심각한 공포감을 불어넣기 위해 폭력을 사용하는 것이라면, 테러리즘의 의미를 정확하게 정의하는 것은 쉽지 않다. 테러리즘은 "여론에 영향을 주기 위해서 혹은 정부의 정책을 변화시키기 위해서 (선별된 혹은 무차별적으로) 비전투원에게 의도적 폭력을 가하는 행위"라고 정의할 수 있다. 미국 국무부는 테러리즘을 "반국가 단체나 비밀요원이 비전투원을 대상으로 치밀하게 준비하여 행사하는 정치적 이유에 의해 촉발된 폭력행위"로 정의하였다. 그러나 한 쪽에서는 테러리스트로 비난받는 사람이 다른 쪽에는 자유를 위해 싸우는 투사로 추앙받기도 한다. 이와 같은 평가는 남아프리카공화국의 최초 흑인 대통령으로 선출되어 인종차별 정책을 폐지하는데 기여했던 넬슨 만델라Nelson Mandela에게도 적용되었다. 그는 오래 전부터 테러리스트로 활약했기 때문에 많은 비난을 받았으며, 그 대가로 약 25년 이상 정치범으로 감옥에 투옥되었다. 이와 마찬가지로 국제사회는 아일랜드 공화국 군대IRA/the Irish Republican Army, 바스크 조국과 자유ETA/Euskadi Ta Askatasuna/the Basque Homeland and Liberty, 콜롬비아 무장혁명군FARC/Fuerzas Armadas Revolucionarias de Colombia/the Revolutionary Armed Forces of Colombia, 하마스Hamas, 헤즈볼라Hezbollah, 알 카에다Al-Qaeda 등을 테러리스트 조직으로 분류하지만, 이들은 자신들을 전혀 다르게 분류할 것이다. 이처럼 테러 활동을 전쟁 행위an act of war로 볼 것인지, 아니면 저항 행위an act of resistance로 볼 것인지는 전적으로 어떤 시각point of view을 갖느냐에 따라 달라질 수 있다.

테러리즘을 전략이 아닌 특정한 기교의 종합으로 간주하여 전술의 하나로 분류하는 이들도 있다. 이러한 주장은 과거의 여러 가지 사례에서 확인할 수 있다. 66~77년 사이에 예루살렘에는 '시카리the Sicarii'라는 유태인 과격단체가 활동하였다. 짧은 검을 사용하여 암살을 자행했던 이 단체는 로마의 지배에 충성하던 유태인 종교 및 정치 지도자를 살해하였다. 그런데 이들의 행동이 단지 로마에 충성하는 일부 지도자에 대한 암살에 국한되지 않고, 종국에는 유태인 사회 전체에 공포와 불안을 조장할 것이라는 점을 염두에 두고 암살, 즉 살인이라는 방식을 선택한 점에 주목해야 한다. 구체적으로 살펴보면, 이 과격단체the Sicarii는 많은 사람이 바쁘게 움직이고 있는 시장에서 방심하고 있는 대상자에게 조심스럽게 접근한 뒤, 몰래 숨겨온 단도短刀를 이용하여 공격한 뒤 재빨리 군중 속으로 자취를 감추었다. 신속하고 무자비한 공격을 통해 조장된 공포 분위기는 유태인 중에서 압력을 받고 있는 사람들에게 로마의 통치에서 벗어나기 위한 유태인 독립운동을 지지하도록 전환시키는 계기가 되었다.

일부 전문가들은 포괄적인 정치목표를 추구하는 과정에서 테러리즘을 체계적으로 사용하면 일관된 군사전략으로 계속 사용할 수 있다고 주장한다. 예를 들면, 1972년 독일 뮌헨에서 개최된 올림픽에서 팔레스타인 테러리스트들이 이스라엘 국가대표 선수 11명을 살해하는 사건이 발생하였다. 이와 같은 잔인한 테러는 팔레스타인 문제를 국제정치 무대의 주요 안건으로 격상시킨 이후 정치협상을 추구하려는 원대한 계획의 일부로 추진되었다. 역사에서 테러를 전략적으로 활용한 사례는 블라디미르 레닌Vladimir Lenin, 마오쩌둥 Mao Zdong, 호치민Ho Chi Minh, 체 게바라Che Guevara와 같은 혁명지도자의 전략에서 자주 발견된다. 하지만 이들이 사용한 테러에도 부작용이 있었는데, 테러를 이용하여 관심을 끌었던 대중들이 결국 테러로 인해 멀어졌기 때문이었다.

전략폭격Strategic terror bombing

전략폭격 교리는 제1차 세계대전 직후에 제기되었다. 이 이론은 이탈리아 육군 장교 출신의 저술가 줄리오 두에Giulio Douhet가 1921년에 발간한 『제공권』Command of the Air이라는 저서에서 제시한 주장을 근간으로 발전하였다. 이 외에도 미국의 윌리엄 '빌리' 미첼William 'Billy' Mitchell과 영국의 휴 트렌차드Huh Trenchard와 존 '잭' 슬레서John 'Jack' Slessor도 전간기에 공군 교리 발전에 기여하는 이론을 제시하였다. 미국 육군 통신장교 출신이었던 빌리 미첼은 제1차 세계대전 기간 중 항공부대를 지휘하였다. 이후 미첼은 수많은 저서를 발간하였는데, 가장 유명한 것으로는 『공군력』 Our Air Force: The Key to National Defense(1921), 『항공 방어』Winged Defense: The Development and Possibilities of Modern Airpower - Economic and Military(1925) 등이 있다. 미첼의 주요 저서는 두에의 주장과 비슷한 내용을 담고 있는데, 그는 현대전에서는 장거리 폭격을 감행할 수 있는 능력을 가진 독립된 공군이 필요하다고 역설하였다. 휴 트렌차드는 제1차 세계대전 기간 중 영국 왕립항공대the Royal Flying Corps 사령관을 역임하였으며, 1919년부터 10년 동안에는 영국 공군참모총장으로 재직하였다. 슬레서는 제1차 세계대전 기간 중 영국 왕립항공대에서 조종사로 복무하다가, 나중에는 공군 계획

수립 부서의 참모장교로 재직하였다. 이후 그는 공군의 작전교리를 발전시켰는데, 공군 교리와 관련된 『항공력과 육군』Airpower and Armies(1936)이라는 저서를 출간하였다.

두에는 특정국가의 '핵심 지점vital centers'에 대한 폭격만으로도 그 국가에 항복을 강요할 정도로 겁을 줄 수 있으며, 이 과정에서 지상전은 필요하지 않다고 주장하였다. 여기서 '핵심 지점'이란 국가 기능에 필수적으로 작용하는 사회, 정치, 경제, 군사의 접점nodes이다. 미첼은 두에의 생각에 동의하였으나, 그를 포함한 미국의 공군주의자들은 기본적으로 공군력이 지향해야 할 공격대상은 상대국 국민과 인구 집결지가 아니라 무기공장과 같은 산업시설이어야 한다고 주장하였다. 하지만 당시에는 미첼의 주장이 두에의 주장과 크게 다르지 않다고 생각하였는데, 그 이유는 인구 거주지역과 산업시설이 크게 구분되지 않던 시절이었기 때문이었다. 또한 당시 공군의 폭격 정확도로는 인구 거주지를 제외하고 산업시설만 골라서 타격하기가 쉽지 않았다. 그런데 이들이 주장하는 공군이론의 주요 가정은 적 국민의 사기를 꺾으면 종국에는 적의 물리적 능력을 제거하는데 영향을 미칠 수 있다는 것이었다. 영국 공군참모총장 트렌차드 역시 적 산업시설에 대한 폭격을 선호하였다. 그는 산업시설에 대한 폭격을 통해 적국의 생산량 감소와 더불어 노동자의 사기를 저하시키고, 더 나아가 적 국민 전체의 사기를 꺾는 것도 가능하다고 주장하였다. 그는 제1차 세계대전이 끝난 직후 작성한 보고서에서 "현재 상태에서 판단할 때, 전략폭격이 가져오는 심리적 효과는 물리적 효과에 비해 20:1 정도의 가치가 있다. 그러한 측면에서 (공군력을 활용한) 전략폭격을 통해 적의 사기에 영향을 줄 수 있는 방안을 강구해야 한다"고 역설하였다. 그는 제1차 세계대전을 치르는 동안 영국이 보유한 최고의 공군 장비로는 독일의 주요 산업시설을 제대로 폭격할 수 없었다고 설명하며, 독일에 대한 폭격이 가능하기 위해서는 약 4~5년이 더 필요했다고 회고하였다. 하지만 그는 "영국 공군은 사정거리 내의 수많은 독일 산업시설을 폭격했으며, 이 과정에서 적 국민의 사기가 전쟁의 핵심요소로 부각되었으며, 그 결과 독일 국민을 모두 불안감에 빠지게 만들었다"고 강조하였다.

공중폭격 이론을 주창했던 1세대 이론가들은 적 산업시설에 대한 타격이 중요하다는 점을 강조했으나, 당시의 공중폭격 기술로는 대량 인명손상과 같은 부수적인 피해발생 없이 산업시설만 정확하게 타격하는 것이 불가능했다. 게다가 공중폭격으로 적 국민을 공포와 불안에 몰아넣겠다는 생각은 이 시기에 작성된 수많은 전쟁계획에서 제외된 적이 없었다. 대부분의 전쟁이론이 공중폭격을 기본수단으로 고려하였기 때문이었다.

전간기의 (이후 오늘에 이르기까지) 군사 비평가들은 트렌차드가 제시한 사기morale가 물리적 요소에 비해 20:1 정도로 중요하다는 평가는 과장된 면이 없지 않다고 반박하며, 이에 대해서는 명확한 계산이 불가능하다고 분석하였다. 그가 사기의 중요성을 높게 평가한 이유는 자신이 직접 제1차 세계대전 기간 중 런던에 대한 독일의 공중폭격을 경험했기 때문이다. 트렌차드는 독일의 초기 공격이 시작된 이후 전시 내각에 공중폭격이 미치는 효과를 부정적으로 보고하기도 했다. 당시 군대의 장교와 정책 결정자들은 대도시에서 거주하는 주민이 국민의 사기(혹은 심리적 결단력)를 약화시키는 것을 중요하게 생각하지 않았는데, 도시에 거주하는 주민들이 현대 산업사회의 발전에 따른 중압감을 오랫동안 참아내느라 점차 신경질적이고nervous 불안정한 상태로 변화하고 있다고 평가하였다. 달리 말하면, 만약 어떤 사회의 싸우고자 하는 의지가 굳건하지 않다면, 그와 같은 양상이 가장 강하게 나타나는 계층은 도시에 거주하는 하급계층일 것이라는 가정이었다. 또한 도시 거주자들은 노조와 결합한 사례가 많았는데, 이를 통해 도시에 거주하는 주민들이 대체로 반反애국적antipatriotic 성향일 것이라고 예측한 것이었다.

한편 공포를 유발할 수 있는 도시폭격은 제1차 세계대전이 발발하기 오래 전부터 그 가능성이 논의되었다. 영국의 공상과학 작가 웰스H. G. Wells는 『하늘에서 벌어지는 전쟁』War in the Air(1908)라는 소설에서 향후 전쟁에서는 공중폭격으로 인해 대량파괴가 이뤄지겠지만, 이것만으로는 적을 굴복시키지는 못할 것이라고 예측하였다. 하지만 유럽과 미국의 공군주의자들은 미래의 공중폭격이 심각한 공포를 가져올 것이라고 경고하였다. 심지어 공중폭격이 가져올 공포감으로 인해서 종국에는 전쟁 발발 가능성이 줄어들 것이라는 주장하는 이들도 나왔다. 1912년에는 독일군 총참모장 헬무트 폰 몰트케Helmuth von Moltke 장군은 독일 공군이 장차 영국과 프랑스의 심장부에 공중폭격을 감행하여 달성할 것으로 예상되는 효과에 큰 기대감을 표시하였다. 독일 해군참모총장 알프레드 폰 티르피츠Alfred von Tirpitz 제독도 이에 동의하였으나, 대신 그는 공중폭격으로 인해서 어린이와 노약자들을 공격할 경우 오히려 적 국민의 사기가 고조되어 역효과를 가져올 것이라는 의견을 피력하기도 했다. 그런데 공중폭격에 의한 파괴 효과가 충분히 강력하다면, 이러한 형태의 공격에 대한 걱정은 더 이상 제기되지 않을 것이었다. 제1차 세계대전 발발 몇 주 전에 미국의 공군주의자들은 뉴욕 등 주요 도시에 대한 공중공격이 화재, 고성능 폭탄 등으로 인해 인명 손실과 혼란상황을 야기할 것이며, 공포를 조장할 것이라고 경고하였다.

이 시기에는 고정익固定翼 항공기보다는 독일이 개발하여 선보인 열기구dirigibles가 장거리 폭격에 더 적합한 것으로 평가되었다. 열기구는 높은 고도로 비행할 수 있으며, 대량의 폭탄을 수송할 수 있었기 때문이었다. 제1차 세계대전 기간 중에 독일은 런던을 포함한 영국의 여러 지역에 총 54회의 공중폭격을 감행하였으며, 이로 인해 전쟁의 공포가 영국 전역으로 확산되었다. 공장 노동자들은 스트레스로 인해서 수면시간이 줄어들었고, 언론은 혼란스러운 보도에 열중하였고, 영국 의회는 격한 토론에 휩싸였다. 이 과정에서 전체적으로 영국 국민의 사기가 저하되었다. 하지만 영국의 악천후와 향상된 대공방어체계로 인해서 열기구와 항공기에 의한 독일군의 공중폭격은 점차 그 효과가 감소하였다. 또한 영국 국민들이 점차 독일의 공중공격을 이겨낼 수 있다는 것을 확인하자, 이후에 가해진 독일군의 공중공격에 대한 공포감이 확연하게 줄어들었다. 간략하게 말하자면, 영국 국민이 독일 공군이 감행한 공중폭격의 공포와 충격을 심리적으로 극복한 것이다. 공포의 심리적 효과가 반드시 오랫동안 지속되는 것은 아니었다.

제2차 세계대전 기간 중 활약한 정치가와 군사 지도자는 대부분 적에 대한 공중폭격을 중요한 수단으로 생각하였다. 이들은 전쟁이 시작되자마자 상대국 도시에 공중폭격을 퍼부어 빨리 전쟁을 끝내려고 했다. 1940년에 독일의 히틀러가 영국을 전쟁에서 떨어져 나가도록 할 목적으로 런던과 주변 도시에 대해 감행한 공중폭격은 가장 악랄한 것으로 평가받고 있다. 런던 대大공습London Blitz이 시작된 이후 첫 두 달 동안, 하루에 약 20여 발의 미사일이 런던을 타격했으며, 이로 인해서 경보가 발령되고 수많은 사상자가 발생하였다. 그러나 독일은 공군에 의한 폭격만으로는 영국 국민의 사기를 꺾을 수는 없었다.

제2차 세계대전 후반기에 히틀러는 새로운 형태의 공포를 조장하는 소위 복수하기 위한 무기vengeance weapons—V-1 폭탄과 V-2 로켓—제작에 심혈을 기울였다. 그는 성능이 향상된 새로운 무기를 이용하여 영국 국민의 전쟁의지를 꺾고, 더 나아가 연합국 사이의 동맹을 붕괴시키려 하였다. 1944년 6월부터 1945년 3월 사이에 약 2,5000여 발의 V-1 폭탄과 약 1,000여 발의 V-2 로켓이 런던과 주변 도시를 공격하여 8,700여명의 영국 국민이 사망하였고, 수많은 부상자가 발생하였다. 그러나 여전히 '위로부터의 공격,' 즉 공중폭격만으로는 영국 국민의 전쟁수행 의지를 꺾을 수 없었다. 연합국도 독일과 일본에 대해 이와 유사한 형태의 공중폭격을 감행했다. 연합국의 공격은 추축국의 공중공격에 대한 보복의 의미도 있었으나, 연합국 지도자들도 공중폭격으로 독일과 일본 국민의 사기를 꺾을 수 있다고 기대하였으며, 이를 통해 더 빨리 전쟁을 종료할 수 있을 것으로 생각하였다.

전략폭격은 국민과 국가 지도자의 싸우려는 의지가 서로 연결되어 영향을 미친다는 가정에서 출발한다. 따라서 만약 국민을 겁에 질리게 하면 국가 지도자는 어쩔 수 없이 이를 수용하여, 종국에는 항복할 것이라고 생각하였다. 그런데 제2차 세계대전에서 공중폭격에서 사용된 폭탄의 파괴력이 역사상 유례가 없을 정도로 강력했던 것은 사실이지만, 이것만으로는 적의 항복을 이끌어낼 수는 없었다. 전쟁 직후에 미국이 발간한 방대한 분량의 〈전략폭격 분석〉*the US Strategic Bombing Survey*이라는 보고서는 그 이유가 무엇인지를 밝혀내려 하였다. 이 보고서가 분석한 원인, 즉 전쟁 중 연합군의 대량 공중폭격에도 불구하고 독일과 일본 국민의 사기가 꺾이지 않은 이유 중 하나는 국가가 국민을 강력하게 통제했기 때문이었다. 국가의 통제가 강력해서 적의 폭격에 대한 정보가 사회적으로 공유되지 않았으며, 국가가 주도한 선전정책으로 인해서 이러한 폭격이 국민 여론에 미치는 영향도 크지 않았다. 다만 이 보고서가 간과한 것은 독일이나 일본과 달리 국민에 대한 국가의 통제가 강력하지 않았던 영국에 대한 전략폭격도 역시 실패한 점이었다.

이 보고서에 따르면 제2차 세계대전 기간 중 연합국이 독일 전 지역에 투하한 폭탄의 양은 약 130만 톤에 달하며, 이로 인해서 약 300,000여명의 사망자와 부상자를 포함한 극심한 인명피해가 발생하였다. 함부르크에서는 1943년 7월 말에 며칠 동안 진행된 폭격으로 약 40,000여 명의 인명손실이 발생했고, 1945년 2월에는 드레스덴에 대한 무차별 공중폭격이 가해져서 약 80,000여명의 인명피해가 발생했다. 일본의 수도 도쿄에도 수차례 공중폭격이 가해졌는데, 이중에서 가장 큰 피해를 가져온 공격은 1945년 3월에 실시되어 약 125,000여명의 인명피해를 불러온 폭격이었다. 태평양전쟁 기간 중 미국 공군은 약 161,000톤의 폭탄을 일본 열도에 투하하였다. 그러나 위 연구의 결과에 따르면, 공중에서 투하한 폭탄 중에서 실제 목표를 타격한 것은 약 10% 미만에 불과했다.

일본은 1945년 8월에 항복했는데, 이 시기는 히로시마와 나가사키에 원자폭탄이 투하되어 약 220,000여명의 인명손실이 발생한 직후였다. 일본의 항복 결정과정에 원자폭탄 투하가 직접적인 영향을 주었는지에 대해서는 여전히 논쟁 중이다. 다만, 당시 연합국의 폭격으로 인해 일본 도시지역의 40% 이상이 파괴되었으며, 이로 인해서 220만 여명의 인명피해가 발생했으며, 이들 중에서 사망자만 90만 여명을 넘어선 상태였다는 것도 고려해야 한다. 달리 표현하면, 원자폭탄에 의한 인명손실은 당시까지 발생한 전체 인명손실의 10%에 불과했다. 게다가 일본 정부가 첫 번째 원자폭탄으로 발생한 인명손실 규모를 제대로 파악할 수 있는 충분한 시간이 부족한 상황에서 두 번째 폭탄이 투하된 점도 고려해야 할 것이다.

과거의 전쟁에서 적의 도시에 대한 공중폭격 효과가 크지 않았음에도 불구하고, 전략폭격을 옹호하는 이들은 그 이후에도 지속적으로 선정된 목표를 정확하게 반복적으로 타격할 수 있다면 전략폭격 만으로도 전쟁을 끝낼 수 있으며, 혹은 더 빨리 끝낼 수 있다고 확신하였다. 베트남 전쟁 기간에도 수차례 전략폭격이 시도되었으나, 이것으로 인한 전쟁종결이나 전쟁단축 효과는 드러나지 않았다. 미국은 북베트남의 정치 지도자를 협상 테이블로 끌어내기 위해서 하노이와 다른 도시를 반복적으로 폭격하였다. 미국이 공중폭격에서 사용한 폭탄의 양은 1963년에는 63,000톤이었으나 1968년에는 643,000톤으로 증가하여, 5년 사이에 약 10배가 증가하였다. 이와 같은 공중폭격의 증가로 인해서 북베트남의 제조 능력이 일시적으로 마비되었는데, 이들은 나중에 넓은 지역으로 분산되거나 다른 지역으로 옮겨져 세워졌다. 반면 전략폭격이 실시된 이후 미국 정부는 반전여론 처리에 고심해야 했다. 베트남에 대한 미국의 전략폭격이 강화될수록 국내의 반전여론이 격화되었으며, 미국의 전쟁지도에 대한 동맹국의 지지와 지원도 점차 약화되었기 때문이다.

1970년대와 1980년대에는 소위 '스마트 폭탄smart bombs'을 포함한 정밀폭탄이 등장하여 폭격 정확성이 크게 향상되었다. 특히 과거의 전략폭격에 수반되는 대량파괴와 막대한 민간인 인명피해가 발생하지 않고도 적의 저항의지를 붕괴시킬 수 있다는 가능성이 제기되었다. '충격과 공포Shock and Awe'와 같은 새로운 이론도 제기되었는데, 이들은 정밀타격을 통한 공포를 활용하여 상대 국가의 정책을 변화시킬 수 있다고 주장하였다. 2003년에 시작된 이라크 전쟁에서 미국 공군사령관은 이러한 이론을 적용하여 항공기와 순항 미사일을 동원한 대량폭격을 통해 이라크의 정치 지도자를 제거하거나, 최소한 이들을 공포에 몰아넣어 항복으로 유도하려고 하였다. 일부 미국 관료는 이와 같은 미군의 최첨단 공격이 진행된 다음날 이라크 국민들이 국가의 정치 및 군사 기반시설이 완전히 무너진 현장을 목격하게 될 것이라고 예상하였다. 하지만 미군의 정밀타격을 통한 공포의 조장은 기대했던 것보다 효과가 크지 않았다. 왜냐하면 이러한 공격에 의해 촉발되는 공포는 일시적 현상에 불과했으며, 또한 공포에 휩싸일 것으로 예상했던 이라크 국민들이 단기간의 격랑이 지나치기를 기다렸기 때문이었다.

테러리즘Terrorism

전문가들은 '위로부터의 공포terror from above'를 조장하는 전략폭격에 빗대어 혁명가와 테러리스트가 주도하는 테러를 '아래로부터의 테러리즘terrorism from below'으로 분류한다. 20세기에 활동했던 혁명 지도자들은 처음에는 테러를 정치적 변혁을 위해 자신이 추구하는 전략에 통합할 수 있는 요소로 간주하였다. 예를 들면, 레닌은 대중을 심리적으로 강압하거나 소멸되지 않는 반反혁명세력을 제압하기 위해서 공개적으로 게릴라 전쟁과 대규모 공포Guerrilla warfare and mass terror의 조장을 강조하였다. 마오쩌둥도 혁명이론을 발전시켰는데, 그는 주민 다수의 지지를 확보하기 위해서는 공포의 조장을 중요하게 간주하였다. 그는 "모든 농촌지역을 대상으로 단기간에 걸친 공포정치를 실시해야 한다. 공포정치가 없다면 반反혁명주의자의 반항을 제압하기 힘들 것이다"라고 주장했다. 마오쩌둥[22]이 주장하는 혁명 이론은 크게 세 단계로 구성된다. 첫 번째 단계는 대중의 지지를 확보하기 위해 정치 기지를 만들어 견고하게 하는 것이고, 다음 단계는 대담한 공격을 적극적으로 감행하

---

22) 마오쩌둥(Mao Zedong, 毛澤東, 1893~1976)은 중국의 공산주의 혁명가, 군사지도자, 정치가였다. 1920~30년대 중국 공산당을 이끌고 장제스가 이끄는 국민당에 대항하였으며, 1945년에 중국에 침공한 일본이 패망한 직후 시작된 국공내전에서 승리하여 중국의 공산화를 이끌었다. 이후 1976년까지 중국의 최고지도자로 군림하였다.

여 정치 기지에 대한 지원을 점차 확대하는 것이며, 마지막 단계는 적에 대한 전면적 반격을 개시하는 것이다. 세 단계 모두 주민의 지지를 확보하는 것은 매우 중요하다. 이때 그의 어록 중에서 가장 널리 알려진 "주민은 물이고, 혁명군은 물고기이다"라는 말이 나왔다. 물이 없으면 물고기가 생존할 수 없다는 것을 의미하는데, 그는 주민의 지지를 받지 못할 경우 혁명군은 패배하거나 붕괴될 것이라고 경고한 것이다. 이처럼 공산주의 활동 초기의 마오쩌둥은 어떠한 경우이건 주민의 지지를 얻기 위해서 노력해야 한다고 강조하였다.

마오쩌둥과 유사한 맥락에서, 호치민도 베트남 내에 자신의 세력기반을 건설하는 과정에서 공포와 심리적 강압을 활용하였다. 호치민이 지휘한 혁명군 베트민the Vietminh은 적―처음에는 일본군, 다음에는 프랑스군, 마지막에는 미국군―뿐만 아니라 수많은 베트남 주민을 상대로 공격하였다. 1956년에 베트민을 승계한 베트콩the Viet Cong도 주민에게 테러를 사용하고, 정치 지도자를 암살하였다. 이 시기에 베트콩이 폭력과 공포를 앞세운 것은 주민 다수의 정치적 성향과 선택에 영향을 미치기 위해서였다. 베트콩은 1957년부터 1960년 사이에 주민 약 2,000여명을 납치하고, 1,700여명을 암살하였다. 당시 자료에 따르면, 베트콩은 공포와 폭력을 전면에 내세워 마을의 정치 권력자를 암살하였으며, 이를 통해서 주민들에게 공포와 불안감을 심어주려고 노력하였다. 더 나아가 각 지역에 확산된 공포 분위기는 심각한 문제를 드러내고 있던 남베트

남 정부의 권위와 정통성을 뿌리째 흔들어 놓고 있었다. 당시 남베
트남 정부의 부정부패, 무기력, 주민보호에 대한 무관심 등에 많은
비판이 제기되었기 때문이었다.

20세기에 활약했던 혁명 지도자 중에서 마오쩌둥과 체 게바라
Che Guevara[23]는 공포의 조장이 칼劍의 양면과 같다고 생각하였다.
이들은 대대적인 공포를 앞세워서 혁명을 추진할 경우 심각한 반反
혁명 저항이 제기될 것이라고 생각하였다. 1930년대 후반에 마오
쩌둥이 지휘했던 게릴라 부대는 무장이 잘된 국민당 군대와 잔인하
기로 유명한 일본 침략군을 상대로 양면전쟁을 치러야 했다. 따라
서 공산당 군대는 어쩔 수 없이 주민들에게 보급지원과 은폐를 의
존해야 했다. 그런데 만약 공산당 군대가 주민에게 무차별적 폭력
을 행사했다면, 이들 역시 국민당 군대나 일본군과 전혀 다르지 않
았을 것이며, 그 결과는 주민의 배신을 불러 일으켜서 많은 당원이
검거되거나 체포되었을 것이었다. 그러나 이 시기에 마오쩌둥은 중
국 공산당은 "70%의 힘은 공산당 세력 확장을 위해 사용하고, 20%
는 국민당 군대 제압에 사용하며, 나머지 10%는 일본 침략군을 대
적하는데 사용"하라고 지시하였다. 그리고 공산당이 담당했건 혹
은 국민당 군대가 주도했건 관계없이 일본군과 싸우는 과정에서 발

---

23) 체 게바라(Che Guevara, 1928~1967)는 아르헨티나에서 출생하였으나, 1955년에 피
델 카스트로를 만난 이후 쿠바혁명에 가담하여 혁명가, 사상가, 정치가로 활동하
였다. 1960년대 중반 이후 라틴 아메리카 대륙에 민중혁명을 전파하기 위해 활동
하던 중 볼리비아에서 사망하였다. 쿠바혁명의 성공에 기초하여 저술한 『게릴라
전』The Guerilla Warfare(1960) 등의 저서를 남겼다.

생한 모든 습격과 매복작전의 성공은 공산당이 거둔 전과로 확대, 과장하여 홍보했다. 대신 국민당 군대에 대해서는 무능하며 또한 심각한 부정부패로 인해 문제가 많다고 대대적으로 비난하였는데, 이러한 공산당의 주장이 전혀 근거가 없는 것은 아니었다. 결국 일본군이 패망하고 철수를 시작한 1945년 후반이 되자 마오쩌둥이 지휘하는 공산군은 중국대륙에서 국민당 군대를 압도할 수 있을 정도로 강력한 물리적, 심리적 기반을 구축하는데 성공하였다.

체 게바라는 초창기에는 공포의 사용에 매우 적극적이었으나, 시간이 지날수록 선별적이어야 한다는 입장으로 선회하였다. 그는 "대체로 공포는 비효율적인데, 왜냐하면 테러로 인해서 무고한 주민이 희생되거나 수많은 희생자가 발생하는 경우가 많기 때문이다. 특히 테러에 의해 희생된 이들은 훗날 계속될 혁명에서 중요한 역할을 해야 할 주역"이라고 주장하였다. 또한 그는 "잔인한 정책을 펼쳤던 적 지도자를 잔인함 때문에 제거하는 것" 혹은 "그 사람을 제거하는 것이 유리할 것으로 생각되는 다른 특성"을 앞세워서 무차별적으로 제거하는 것에도 신중하라고 경고하였다.

쿠바에서 카스트로가 바티스타Fulgencio Batista 정부를 전복시키는 혁명에 성공하자, 체 게바라는 이와 유사한 혁명을 라틴 아메리카 지역의 다른 나라로 전파하려 하였다. 이때 그가 추구한 혁명 모델은 혁명군의 충성스러운 간부조직 포코the Foco를 활용하여 기존 정부를 혼란스럽게 만들고, 이후 반란을 추진할 수 있는 조건을 조성하는 것이었다. 체 게바라는 『게릴라전』Guerrilla Warfare이라는 저서에서 쿠바의 카스트로가 혁명에 성공하는 과정에서 다음과 같은 세 가지 교훈을 배웠다고 밝혔다. 첫 번째는 국민군은 처음에는 전투력이 열세이고 장비도 형편없지만, 종국에는 정규군을 상대로 싸워 이길 수 있다. 두 번째는 주민은 혁명이 시작되기 이전에 제반 여건이 준비되기를 기다리지 않아도 되는데, 그 이유는 이를 전담하는 핵심세력the Foco이 별도로 존재하기 때문이었다. 마지막은 라틴 아메리카 대륙과 같은 저개발 지역에서 무장충돌은 통신과 수송 네트워크가 제한되는 험한 지형에서 발생해야 하는데, 이러한 조건에서 싸울 경우 정부군의 신속한 병력 증강이 제한되기 때문이었다.

그러나 체 게바라가 지휘하던 정예조직 포코the Foco의 역할은 1967년에 볼리비아에서 비참하게 실패하였으며, 이 과정에서 그도 처형되었다. 하지만 체 게바라가 사용했던 방식은 21세기 초기에 멕시코 남부에서 반란을 일으켰던 자파티스타스the Zapatistas나 중동에서 활약하는 알 카에다의 활동에 그대로 적용되었다. 각 사례에서 일부 조건은 반란군에 유리하게 전개되었는데, 이들 조직은 긴장과 혼란 상황에서 반란을 시도하였다. 예를 들면 1967년에 체 게바라는 볼리비아 농민이 피해를 수용하는 성향이며, 반항하는 기질이 강하지 않다고 판단하였다. 게다가 볼리비아 공산당이 체 게바라에 대한 지원을 거부하고, 그가 세력을 규합하는 것을 적극적으로 반대하였다. 이처럼 상황이 전개되자 체 게바라와 그의 조직은 마오쩌둥이 말했던 물이 없는 상황에 놓인 물고기 신세가 되고 말았으며, 결국 굴복할 수밖에 없었다. 뿐만 아니라 볼리비아의 험한 산악지대가 혁명의 기초여건을 조성하기 위해 노력하였던 핵심 조직the Foco의 활동을 제약하였는데, 이는 볼리비아 정부가 추진한 수색 및 격멸전술에 취약한 문제점을 드러냈다. 또한 CIA를 포함한 미국의 정보기관이 볼리비아 정부를 지원함에 따라 반란 세력이 크게 위축되었다.

반反혁명 이론 역시 주민을 중요한 요소로 간주하였다. 대對반란전Counterinsurgency이나 대對테러전Counterterrorism을 다루는 군사교범은 '주민의 호응winning hearts and minds'을 중시하며, 그 필요성을 강조한다. 이 표현은 영국군 제럴드 템플라Gerald Templar 원수가 최초로 사용하였다. 그는 1948년부터 1960년까지 지속된 말라야 비상사태Malayan Emergency 기간에 말라야 공산당 예하 게릴라 부대를 상대로 대對반란전을 지휘하였다. '주민의 호응'이라는 표현은 시각에 따라 다양한 맥락으로 이해할 수 있는데, 그 범위는 말라야에 대한 공산주의 세력의 팽창을 저지하기 위해서 이데올로기의 상징을 세우거나 혹은 강화하는 것으로부터 이 지역에 거주하는 주민 중에서 아직 마음을 결정하지 못한the undecided middle 사람에게 진압군에게 협조하도록 독려하는 것에 이르기까지 포괄한다. 그런데 주의해야 할 것은 이 표현만으로 마치 승리할 수 있을 것처럼 여겨서는 안 된다는 점이다. '주민의 호응'이라는 표현이 의미하는 바를 정확하게 이해하기 위해서는 대對반란전이나 대對테러전은 단순하게 반란군이나 테러리스트를 제거하는 것 이상의 오랜 시간과 과정, 조치가 필요하다는 것을 이해해야 한다. 또한 이 표현이 적군이 아군에 비해서 덜 사악한 것처럼 연출함으로써 공포에는 장점보다는 해로운 특성이 더 많이 내재되어 있다는 점을 나타내기 위한 것임을 이해해야 한다.

알제리 전쟁에 참전한 바 있는 프랑스군 장교 다비드 갈룰라 David Galula를 포함한 대對반란전 이론가들은 전쟁이 시작되자마자 반란군과 진압군 모두 주민으로부터 지지를 확보하는 것이 중요하다는 것을 간파하였다. 이것이 갈우라의 대對반란전 제1원칙이다. 그는 세 개의 다른 원칙도 제시했는데, 두 번째 원칙은 주민들 중에서 가장 적극적인 집단의 지지를 확보하는 것이 중요한데, 그는 규모는 작지만 강경하고 적극적인 집단의 강력한 지지가 조용하고 수동적인 주민 다수의 미지근한 지지보다 낫다고 평가하였다. 세 번째 원칙은 국민의 지지를 얻기 위해서는 승리하려는 의지, 수단, 능력을 적절하게 보여주어야 한다는 맥락에서 몇 가지 결정적 조치에서 성공적인 성과를 내야 한다고 주장하였다. 특히 몇 차례 중요한 전투에서 승리한다면, 처음에는 실패할 것이라고 예상되는 상황에도 불구하고 점차 많은 지지와 투자를 얻어낼 수 있다. 네 번째 원칙은 작전수행 중 일정한 정도로 노력의 강도를 유지해야 하며, 작전수행에 필요한 상당한 분량의 수단과 물자를 준비해야 한다. 대對반란작전은 많은 물자가 투입되고 정책적 관심이 필요하며, 때로는 많은 대규모 예산이 소모되는 작전이라는 점도 명심해야 한다. 갈우라는 이 외에도 몇 가지 크고 작은 원칙을 제시하였는데, 이들은 모두 위에서 언급한 대對반란작전 지침서에 포함되어 있다. 물론 이러한 지침서가 추구하는 전체적인 목표는 마오쩌둥이 언급한 '물고기'가 살기 힘든 '상황'을 만드는 것이다.

1962년에 프랑스는 알제리 식민지를 상실하였다. 하지만 갈우라가 제시한 원칙은 대규모 대對반란작전을 고민하는 군인과 정책 결정자들 사이에서 널리 통용되었다. 하지만 그가 제시한 원칙이 베트남 전쟁이 끝난 직후 미국과 NATO 군대의 교리에 반영되지 않은 것은 이해하기 어렵다. 21세기 초기에 대규모로 시작된 이라크와 아프가니스탄에서의 대對반란작전에는 새로운 대對반란작전 교리가 필요했다. 이 시기에 활동한 대對반란전 전문가들은 발달된 과학기술과 무기체계에 의존하여 수행한 대對반란작전에 많은 문제가 있다고 지적하며, 과학기술에 의존하는 대對반란작전에서는 기대치가 달성되지 않았다고 평가하였다. 또한 대중의 지지가 떨어졌고, 작전수행의 성패와 효율성을 둘러싸고 관련 부처 내에서 격렬한 논쟁이 장기간에 걸쳐 계속되었다.

오늘날의 전문가들은 반란과 대對반란을 혁명전쟁이나 빨치산 전쟁 등과 유사한 개념으로 이해하여 전략a strategy이 아닌 전쟁a war의 하나로 간주한다. 이러한 전쟁에서 교전자들은 정치권력을 타도 혹은 강화하기 위해서 참수, 소모, 소진, 테러, 테러리즘과 같은 전략을 구사한다.

일부 학자들은 테러리즘이 전략인지 전술인지에 대해 논쟁 중이다. 그러나 우리는 테러리즘이 전략인지 혹은 전술인지를 구분하는 것에 관심을 쏟기보다는, 이것이 전략적 방식a strategic way인지 혹은 전략적 기교a strategic technique인지에 대해서 고민할 것이다. 그러한 맥락에서 볼 때, 테러리즘에는 국민을 통해서 국가를 타도하는 것을 추구하는 대전략의 기본 요소가 포함되어 있다. 테러리즘은 다양한 종류의 목표를 추구할 수 있는데, 이들 중에는 테러리스트 조직의 성장과 발전을 목적으로 하는 것도 있고, 국민을 조종하거나 국민의 지지확보를 유지하는 것을 목표로 하거나, 정부를 대상으로 하는 것도 있다. 이들이 추구하는 목표에는 겁을 줘서 복종하도록 강압 혹은 협박하는 것, 많은 비용이 필요한 소모와 소진, 마비, 피로 유발, 자극, 고가의 제의, 처벌 등이 포함된다. 이러한 목표는 국가의 정부가 공식으로 추구하는 정책목표와 차이가 없다. 하지만 이들이 어떻게 폭격, 암살, 식수와 식량 공급 봉쇄, 볼모와 납치 등과 같은 테러전술을 정권교체, 영토 변화, 정책 수정, 현상 유지 등과 같은 조직의 포괄적 목적달성으로 연결시킬 것이냐의 문제는 중요하다. 이처럼 테러를 활용하는 단계는 먼저 공포를 자극하고, 이후에 공포를 통해 자신이 추구할 수 있는 목적을 달성할 수 있도록 간극을 넓히는 것이다.

앞서 언급했던 혁명운동과 달리, 일부 테러리스트 조직은 정권교체가 아닌 영토 확보 등을 목표로 내세운다. 이들은 혁명을 통한 정권 탈취나 정치, 사회, 군대 구조의 변화 등을 시도하지 않으며, 대신 기존 정부를 압박하여 자신들이 요구하는 독립적 지위 혹은 더 많은 자율성을 쟁취하려 한다. 이러한 테러리스트 단체도 국가의 정부와 마찬가지로 국민으로부터 지지를 얻는 것도 중요하게 여긴다. 또한 이 과정에서 구체적으로 추구할 목표를 정치, 문화, 군사적 상징으로 한정하여 이들에 대한 선별적 폭력 사용에 힘쓴다. 일부 테러리스트 단체는 마치 상대조직이 공격한 것처럼 위장한 다음, 이들을 비난하기 위한 목적으로 일부러 민간인을 공격하기도 한다. 또한 일부러 정부를 공격하여 과도한 대응을 유도한 뒤 정부의 행동을 비난하는 경우도 적지 않다. 테러리스트 단체이건 대對테러 조직이건 간에 폭력은 거칠고 무딘 수단이기 때문에 오랫동안 실수없이 사용하기는 쉽지 않다. 테러리스트들이 야기한 공격은 국민으로부터 비난과 혐오감을 불러일으키지만, 국민은 이들에 대한 정부의 보복과 진압에서 대해서도 유사하게 반응할 것이다. 따라서 테러와 테러 진압 사이의 균형은 본질적으로 불안정하다고 평가할 수 있다.

새로운 테러리즘?A New Terrorism?

20세기의 마지막 25년 동안 수많은 테러리스트 조직은 자신들이 선정한 목표에 불만을 가지고 있었다. 이들은 자신들의 전략이 실패했다고 판단하며, 점차 전략을 수정하여 과거에 비해 더 많은 인명손실이 발생하는 영향력이 크고 눈에 잘 띄는 목표를 공격하고, 이를 통해서 공포 분위기를 조장하려 하였다. 전문가들은 이러한 테러리스트 조직을 '전통적' 조직과 '새로운' 조직으로 구분한다. 전통적 테러리스트 조직에는 IRA, ETA, FARC 등이 있으며, 새로운 테러리스트 조직은 알 카에다가 주축이며, 대개 이슬람 항전단체와 연계된 조직들이 포함된다. 이들은 세계화Globalization의 힘을 적극적으로 이용하며, 더 나아가 국제적 네트워크와 초국가적 능력을 형성하기 위해서 영향력을 행사한다. 이 조직들은 이민자와 집단 거주민 중에서 조직원을 보충하는데, 구성원 측면에서는 기존 조직에 비해 다국적, 다인종적 성향을 갖는다. 이처럼 성격과 규모면에서 정치적 목적에 기반하여 등장한 새로운 테러리스트 조직은 20세기의 혁명주의 운동에 의해 진행되던 과정을 연상시키는데, 왜냐하면 최근에 활동하는 테러리스트 조직이 추구하는 목표가 대부분 정권교체regime change이기 때문이다. 이러한 목표를 추구하기 위해서 새로운 테러리스트 조직은 무차별 공격으로 사상자를 늘리며, 고성능 무기를 사용하려 한다. 이들이 강력한 폭력을 행사하는 이유는 다음과 같다. 예를 들면 1972년 뮌헨 올림픽에서 11명의 사상자가 발생한 사실을 5,000만 명이 알게 되었다고 가정하면, 열 배 혹은 백 배 많은 사상자가 발생하는 사건이 일어날 경우에는 훨씬 많은 사람에게 자신들의 존재를 알릴 수 있다고 믿는 것이다. 이와 같이 테러리스트들이 최근에 사용하는 폭력의 규모와 범위가 증가한 것은 단순히 상대로부터 양해나 양보를 얻기 위한 것만이 아니며, 더 나아가 상대방을 약화시키고 약점을 노출시켜 공격하며, 궁극적으로는 상대가 파괴될 때까지 영향력을 약화시키거나 거부하는 것까지 포함된다.

전문가들이 20세기의 가장 유혈적 공격을 자행하는 무자비한 테러리스트 조직으로 지목한 페루의 좌익 게릴라 조직 '빛나는 길 Sendero Luminoso/the Shining Path'이 지난 20여 년 동안 사용한 폭력에 의해 희생된 인명피해 규모는 같은 기간 동안 미국의 고속도로에서 발생하는 교통사고 사망자나 암과 같은 질병에 의한 사망자 숫자와 비교하면 미미하다. 이 조직이 과거 20여 년 동안 살해한 사람의 숫자는 약 69,000명 정도였다. 반면, 2003년 한 해에 미국에서 발생한 교통사고에 의해 사망한 사람은 42,643명이나 되었다. 또한 2014년에 미국에서 암으로 사망한 사람은 585,720명이나 되었는데, 이 숫자를 기준으로 할 때, 지난 20여 년 동안 암으로 사망한 사람의 숫자는 약 1,000만 여명 이상이다. 달리 말하면, 테러리즘을 처리하는 과정에는 정치, 사회적 과잉대응을 불러오지 않을 정도로 침착한 접근이 필요하다는 의미이다. 물론 테러리스트 조직은 그들이 죽인 사람 숫자만으로 판단하기 어려운 대상인데, 왜냐하면 그들은 부정적 정치변화를 촉발시키고 사회적 분화를 더욱 악화시킬 수 있기 때문이다.

앞서 언급했듯이, 자크 소스텔레Jacques Soustelle는 테러를 "믿기 어려울 정도로 강력한 심리적 무기"라고 주장하였다. 그러나 이 무기는 양측 모두가 사용할 수 있다. 테러는 스프링을 부러뜨릴 수도 있고, 반대로 스프링을 다시 작동하도록 할 수도 있다. 국가를 포함한 모든 조직은 테러리스트의 예상보다 훨씬 빠른 속도로 테러전술에 의해 발생한 심리적 트라우마를 극복한다. 또한 전략폭격으로 상대에게 항복을 유도하려는 특정국가의 정책에 대해서는 해당 국가의 이미지에 수많은 공격이 가해질 것이다. 역사적으로 분석하면, '위로부터의 공포' 혹은 전략폭격은 기대를 만족시킨 적이 없었으며, 대부분 실패하였다. 그럼에도 불구하고 현대의 많은 국가는 이를 매력적인 정책으로 선호하는데, 그 이유는 적에 대한 공중폭격이 비교적 쉽게 취할 수 있는 조치이기 때문이다. 또한 이 공격에 뒤따르는 법적 책임도 크지 않으며, 감당해야 할 위험도 제한되기 때문이다. 이와 더불어 이들은 단기간 혹은 다음 위기가 닥쳐오기까지 국민의 요구를 충족시킬 수 있는 최적의 방안이다.

객관적으로 분석하면, '아래로부터 공포' 전략은 긍정적positive 목표를 달성하기 보다는 부정적negative 목표를 달성하는데 효과적이었다. 여기에서 말하는 부정적 목표란 통합을 반대하고 지속적으로 분열을 조장하는 것, 결렬 징후를 보이고 있던 평화회담에 반대하는 것, 연합세력에 가담하는 것에 부담을 가지고 있는 회원국에게 탈퇴하도록 자극하는 것, 특정 사안에 대하여 찬성하도록 국민을 심리적으로 강압하는 것, 신문의 헤드라인에 날 정도로 유명한 공격을 감행하여 더 많은 전투원을 끌어들이는 것 등이 포함된다. 반면에 정통성을 주장하는 이들이 추구하는 국제사회의 지지를 확보하는 것, 중도적 성향을 가진 국민을 설득하여 지지를 확보하는 것, 장기간에 걸친 안정을 이루기 위한 기초를 마련하는 것 등의 긍정적 목표는 달성하기 매우 힘든데, 그 이유는 테러가 공포를 자극할 뿐만 아니라 혐오와 반감을 불러오기 때문이다. 이와 같은 감정은 특정사안에 대하여 국민을 통일시키거나, 이에 대한 지지를 철회할 수도 있다. 결국 테러는 그것이 발생하는 이유를 대중에게 공개할 수 있으나, 그와 동시에 이에 대해 반감을 갖게 된 국민의 의지와 결심이 강화되어 실패로 끝날 수도 있다.

참고문헌

- 휴 트렌차드Hugh Trenchard가 제시한 전략폭격이 국민의 사기에 미치는 영향에 대한 평가는 Anonymous, "Bombing Germany: General Trenchard's Report of Operations of British Airmen against German Cities," *New York Times Current History*, April 1919, 151–56쪽을 참고할 것.

- 마오쩌둥이 게릴라전에서 테러의 가치에 대해 제시한 의견은 Mao Tse-tung, "Report of an Investigation into the Peasant Movement in Human," in *Selected Works of Mao Tse-tung*, vol. 1(London: International Publisher, 1954), 27쪽을 참고할 것.

- 체 게바라가 공포에 내포된 역효과에 대해서 제시한 의견은 Jon Lee Anderson, *Che Guevara: A Revolutionary Life*, rev. ed.(New York: Grove, 1997), 448쪽을 참고할 것.

- 레닌이 공포의 효율에 대해서 제시한 시각은 V. I. Lenin, "The Lessons of the Moscow Uprising"(1906), in *Lenin: Collected Works*, vol. 11(Moscow:Progress, 1965), 176쪽을 참고할 것.

제6장. 참수와 표적살해
Decapitation and Targeted Killing

16세기의 정치 사상가 니콜로 마키아벨리Niccolo Machiavelli가 쓴 『군주론』The Prince은 시대를 막론하고 극찬을 받는 대작大作이지만, 그만큼 논란의 대상이기도 하다. 마키아벨리는 독자들에게 "어떤 통치자와 그 주변 사람을 죽이는 것만으로는 사태해결이 충분하지 않다. 왜냐하면 (기존 권력자로부터 총애를 받았던) 일부 귀족세력이 살아남았고, 이들이 나중에 새로운 지도자를 옹립할 것이기 때문이다"라고 경고하였다. 이와 같은 마키아벨리의 주장은 오늘날에도 적용할 수 있는데, 이 구절에는 오늘날 널리 사용되고 있는 참수decapitation와 표적살해targeted killing의 근본적인 취약점이 내포되어 있다. 이 두 가지 군사전략은 적의 싸우려는 의지와 전쟁에 필요한 물리적 능력을 공격하는데, 이들은 적의 지도자나 특정 개인을 제거하는 것이 문제를 악화시키기보다는 문제해결에 도움이 될 것이라고 가정하기 때문이다. 하지만 이러한 사건이 모두 정리된다고 하더라고, 평화를 정착시키는 데에는 많은 시간과 노력이 필요하다.

이 두 가지 전략은 정규군뿐만 아니라 테러리스트와 반란군도 널리 활용한다. 이들은 다른 전략에 비해 군사력의 사용방법과 대상을 구체적이고 독특한 방법으로 선정한다. 이 두 가지 개념은 밀접하게 연관되어 있어서 하나가 다른 하나를 의미하는 것처럼 사용되기도 하지만, 실제로는 두 개념 사이에 중요한 차이가 있다. 참수斬首/decapitation라는 단어는 일반적으로 '뱀의 머리를 타격하다 striking the head of the snake'를 의미하는데, 이는 다음의 두 가지 중 하나, 즉 어떤 조직을 붕괴 또는 약화시기기 위해서 그 조직의 지도자를 제거하거나, 혹은 적의 지도자를 상대하기 쉬운 사람으로 강압적으로 교체하는 것을 의미한다. 이러한 맥락에서 볼 때, 참수가 반드시 암살, 즉 지도자 살해殺害를 의미하거나 혹은 이와 연계된 것은 아니다. 실제로는 상대 조직의 지도자를 살해하는 것보다 체포하거나 혹은 '전향轉向/turned'시킬 경우에 효과적인 결과를 가져오는 경우도 있다. 참수전략이 적 지도자를 영구히 혹은 일시적으로 제거하거나 '전향'시킴으로써 조직을 완전히 붕괴시킨다는 점에서 마비전략과 유사하다고 할 수 있다.

이와 대조적으로 '지도자 제거', '전략적 암살', '표적 암살' 등으로 알려진 표적살해는 소모전략과 유사하다. 간략하게 말하자면, 표적살해는 적의 조직원을 체계적으로 제거하는 것을 의미하는데, CIA의 대對테러리즘 전문가 부르스 리에델Bruce Riedel은 이를 '잔디를 깎는 것mowing the grass'으로 묘사했다. 그는 "잔디는 항상 깎아야 하는데, 깎기를 멈추는 바로 그 순간 다시 자라날 것이다"라고 주장하였다. 표적살해의 기본은 암살인데, 이는 참수전략이 실패한 후에 사용되는 전략이다. 또한 표적살해는 상대조직을 완전히 격멸할 목적으로 실시한다. 그러나 이 전략을 추진할 수 있는 의지와 자원이 부족하기 때문에 점차 추구하는 목표가 완화되는 경우도 있지만, 시간을 벌기 위해서 상대조직을 혼란시키거나 대량학살을 추구하기도 한다. 이 전략을 구사함에 있어서 조직의 최고 지도자나 '고가치 표적HVTs/high-value targets'으로 선정된 이들이 공격대상으로 선정되는 것은 아니다. 대부분의 경우 각 조직의 중간단계에서 실질적 업무를 수행하는 조직편성 및 계획수립 전문가, 보급 요원, 혹은 주요 전투원이 대상으로 선정된다.

유엔은 표적살해를 "국가가 평시와 전시에 특정 개인을 그가 속한 조직에서 제거하기 위해서 막강한 군사력을 동원하여 실시하는 조심스러운 행동"으로 정의하였다. 표적살해가 반드시 국가에 의해서 실시되는 것만은 아니며, 테러리스트 조직, 범죄 조직, 민병대 등 폭력적 성향의 비국가 단체나 개인도 자주 구사한다. 예를 들면, 멕시코의 범죄조직 '로스 제타스Los Zetas/the Zs'는 멕시코 전역에서 자신들의 존재감과 영향력을 높이기 위해서 테러의 빈도를 늘렸다. 원래 이 조직은 멕시코의 특수부대에서 훈련을 받았던 31명의 용병과 특수부대원이 걸프 카르텔the Gulf Cartel이라고 알려진 마약 밀매조직에 채용된 암살자와 경호원을 주축으로 출범하였다. 그러나 로스 제타스는 마약조직이었던 걸프 카르텔과 결별한 뒤, 얼마 후 자체적으로 불법 인력밀매 조직을 구성하여 활동하였다. 이 조직이 최고 번성했을 시기에는 멕시코에서 활동하는 다른 어떤 범죄조직보다 넓은 영역을 장악하였으며, 로켓탄이나 공격용 소총 등 국가가 운영하는 군대와 동일한 수준으로 무장하기도 했다. 이 조직이 출범했던 당시의 조직원들은 훈련수준과 전투력이 높았다. 그러나 시간이 지날수록 초기 조직원 중 다수가 체포되거나 살해되었다. 이들은 차량 폭파, 유탄 공격, 매복, 대량살상, 정치인 및 판사, 경찰 간부에 대한 표적살해 등과 같은 여러 가지 테러전술을 사용하였다. 또한 이들은 자신들이 살해한 시체에 알파벳 'Z'를 새겨 놓은 것으로 유명한데, 이러한 행동은 상대조직이나 정부의 치안당국자를 겁주기 위한 것이었다.

21세기 첫 10년 동안 드론drone의 성능과 기술이 발전하였는데, 이를 활용한 참수와 표적살해가 증가한 것은 널리 알려진 바 있다. 이러한 방법은 과거에도 널리 사용되었던 것이다. 알렉산더 대왕은 BCE 331년에 벌어진 가우가멜라 전투the Battle of Gaugamela에서 변형된 형태의 참수전략을 구상하였다. 그는 페르시아의 황제 다리우스 3세Darius III가 배치된 적의 대형 중앙지점을 공격하였다. 마케도니아 군대의 공격은 다리우스 3세에게까지 도달하지 못했으나, 이 공격으로 인해서 다리우스 3세와 그의 경호원이 철수해야 했고, 이 과정에서 페르시아 군대의 전체대형에 혼란이 발생하였다. 알렉산더가 지휘하는 마케도니아의 주력 보병hoplites은 이 기회를 놓치지 않고 약점을 노출한 페르시아 군대를 공격하여 유린하였다.

참수전략이 적용된 최근의 중요 사례로는 1992년에 페루의 테러리스트 조직 '빛나는 길Sendero Luminoso/the Shining Path'의 지도자 아비밀 구즈만Abimeal Guzman 체포를 들 수 있다. '빛나는 길'이라고 불리는 이 테러리스트 조직은 1960년대의 마르크스 혁명운동에서 기원하였으며, 이 조직의 목표는 페루 정부 타도였다. 이 조직의 이름은 "막스-레닌주의가 혁명으로 향하는 빛나는 길을 열어 줄 것이다"고 신봉하던 과거 페루 공산당이 추구하던 목표에서 유래하였다. 이 조직은 1980년대까지 페루 정부에 대항하여 공세적 게릴라 전술을 사용하였으며, 이를 통해서 약 10,000여명의 조직원을 모집하였다. 대對테러리즘 전문가의 분석에 따르면, 1980년대부터 2000년대 초까지 이 조직이 살해한 숫자는 약 69,000여명에 달했다. 하지만 1992년에 페루 경찰이 구즈만을 포함한 주요 지도자를 체포하였으며, 그 결과 이 조직을 이끌어갈 리더십에 공백이 생겼다. 그런데 주요 지도자들이 체포된 이후에 이 조직을 이끌고 나갈 주도 세력이 등장하지 않았다. 이에 따라 '빛나는 길'의 활동은 급격하게 축소되었으며, 수차례 군사작전에서 패배한 뒤에는 여러 분파로 나눠졌고, 현재에는 소규모 조직으로 활동하고 있다. 지도자 구스만이 체포된 이후 약 10년 후에 이 조직이 다시 부활하는 것처럼 알려졌으나, 전체적으로 붕괴와 활동 퇴조가 지속되고 있다.

1999년에 쿠르드 노동당the PKK/the Kurdistan Worker's Party의 설립자 압둘라 오칼란Abdullah Ocalan이 구속되자, 이 조직도 일시적

으로나마 급격하게 쇠퇴하였다. 오칼란은 1978년에 터키에 쿠르드족 자치 독립국가를 건설할 목적으로 쿠르드 노동당the PKK을 설치하였으나, 터키 정부가 이를 허용치 않았다. 이후 이 조직은 쿠르드족 자치국가 건설을 추진하는 과정에서 납치, 암살, 자살폭탄 공격, 매복, 사보타지 등의 전술을 구사하였다. 이 과정에서 약 40,000여 명의 터키와 쿠르드 군인과 민간인이 사망하였는데, 이는 대부분 오칼란이 승인한 공격에 의해 발생한 피해였다. 그런데 1999년에 터키 정부가 오칼란을 체포하여 투옥시키자, 즉시 양측 사이에 휴전이 체결되었다가, 2004년에 쿠르드 노동당이 다시 테러공격을 재개하였다. 2013년에는 투옥된 오칼란이 자필로 작성한 지령문을 보내서 또 다시 휴전을 체결하였는데, 이때 오칼란이 쿠루드 노동당에게 터키 영토에서 철수하라고 지시하였다. 만약 터키 정부가 오칼란을 체포하여 투옥시키지 않고 즉각 처형했더라면, 그는 쿠르드 독립운동의 상징적 순교자가 되었을 것이며, 그를 통해서 쿠르드 노동당에 영향력을 행사하기 힘들었을 것이다.

적 조직의 지도자를 체포하는 것이 항상 가능하거나 바람직한 것은 아니다. 일부 조직의 지도자는 항복하지 않고 맞서 싸우거나 스스로 목숨을 끊는 경우도 있었다. 또한 어떤 이들은 체포가 불가능한 곳에 은신하기도 했다. 반대로 이러한 인물을 국내로 송환할 경우 더 큰 폭력이 발생하는 상황을 두려워하는 경우도 있을 수 있다. 이에 해당하는 사례는 2011년에 미국 특수부대가 파키스탄의 아보타바드Abbotabad라는 도시에 숨어있던 알 카에다의 지도자

오사마 빈 라덴Osama bin Laden을 습격한 일이다. 이처럼 적대적인 단체나 범죄조직 지도자를 제거하여 그들이 속한 조직원이나 잠재적 지지자에게 경고하는 것은 효과가 있을 것으로 기대한다. 이 전략을 적용하는 과정에 대한 적절한 절차가 부족하다는 비판에도 불구하고, 미국, 중국, 러시아 등 강대국은 오랫동안 이 정책을 유지해 왔다. 이스라엘이 적의 군사 지도자를 암살하는 정책에 대해서도 비판이 제기된 바 있는데, 2010년에 팔레스타인 테러조직 하마스의 지도자 마흐무드 알 마호우Mahmoud al-Mabhouh를 살해한 경우가 대표적인 사례이다. 서방국가와 국제여론은 마호우가 두바이의 호텔에 머무는 것을 추적한 이후 그곳에서 살해한 혐의로 이스라엘 정보기구 모사드the Mossad를 지목하여 비판하였다. 마호우는 1998년에 이스라엘 군인 2명을 납치한 뒤 살해한 것으로 추정되던 인물인데, 모사드가 그를 암살한 것은 과거에 그가 저지른 행위에 대한 보복과 더불어 하마스에 대한 추가적인 공격금지를 경고하기 위한 것이었다.

시간이 지날수록 참수와 표적살해는 증가하고 있지만, 이들의 전략적 기교strategic techniques는 여전히 논쟁거리이다. 일부 비평가는 종국에는 이러한 전략의 효과가 제한될 것이라고 주장하는 반면, 다른 이들은 이들의 객관적인 법과 도덕의 근거를 제시하려고도 한다. 그러나 효율은 누군가 무엇을 성취하고자 하는 것의 기능이며, 어떤 목적을 달성하는 과정에서 그 사람이 얼마나 그 정책을 잘 다루는가에 연관된 문제이다. 때때로 효율에 대한 논쟁과정에서 가려지는 중요한 사안은 비평가들이 성공이라는 것을 정의하는 과정에서 사용하는 임의적 계산법이다. 테러공격의 숫자가 줄어드는 것을 성공이라고 정의하는 사람도 있고, 혹은 테러공격이 발생하지 않는 간격을 중시하여 계산하는 사람도 있다. 그러나 이러한 통계는 실제로 특정한 전략을 발전시키거나 실행하는 과정에서 정책결정자나 실행자가 추구하는 목적에 큰 영향을 미치지 않는다. 어떤 행동의 성공여부는 그 정책을 입안한 정책결정자가 추구하는 목표의 달성 정도에 의해 좌우된다. 이때 고려할 것은 여태까지 알려진 그대로 실제 발생한 결과와, 이 전략을 실행하는 과정에서 소요된 물리적, 도덕적 비용이 얼마나 소모되었는가를 파악하는 일이다. 다른 사안을 고민하느라 오히려 이 문제를 혼란스럽게 할 수 있다.

참수나 표적살해를 모든 상황에 적용하는 것이 불가능하다고 주장하는 이들도 있다. 왜냐하면 이러한 전략으로는 전쟁이 발생하는 근본원인을 완전히 해소할 수 없기 때문이며, 또한 이 전략을 구사함으로 인해서 공격과 보복이 반복되는 악순환이 영속화되는 사태가 초래될 수 있기 때문이다. 실제로 반란군 한 명을 살해하면 수많은 조직원에 대한 보복에 나서려고 할 것이기 때문이다. 반면 이 두 전략의 효과를 회의적으로 평가하는 비평가들은 특정국가가 참수와 표적살해를 채택할 경우 발생할 부수적 피해를 줄이기 위한 충분한 방안을 심각하게 고민하지 않고 너무나 쉽게 이 전략을 실행한다고 주장할 수 있다. 예를 들면, 2002년에 이스라엘이 하마스의 지도자 살레 세하데Saleh Shehadeh를 암살하는 과정에서 그와 함께 생활했던 부인, 자녀, 수많은 동료들이 함께 살해되거나 피해를 입었다. 이러한 부수적 인명피해는 이스라엘 정부의 조치에 부정적인 인상을 주었고, 결국 미국을 포함한 국제사회가 이스라엘의 처사를 '가혹하다heavy-handed'라고 비판하며, 관련 지역의 평화유지에 악영향을 미친다고 비난하였다. 그럼에도 불구하고 이스라엘이 사용한 지나치게 과도한 전술, 즉 이스라엘이 사용한 수단은 비판했으나, 이스라엘의 대응 자체를 비난한 것은 아니었다.

법적인 측면에서 고민하는 사람들은 표적선정으로부터 실제 사격에 이르기까지 이 전략이 사용되는 적절한 절차와 신뢰성에 대해 문제를 제기한다. 이와 같은 논란에 대비하기 위해서 각 국가는 일부 법안을 마련하였으나, 향후에 더 많은 법안과 조치가 필요한 실정이다. 예를 들면, 알 카에다와 탈레반 지도자에 대한 표적살해는 미국 국내법에 근간을 두고 있는데, 대표적인 것으로 2001년 9월의 9-11 테러공격 직후에 마련된 〈군사력 사용 승인 법안〉Authorization to Use Military Force Act을 들 수 있다. 미국 정부는 참수와 표적살해가 유엔헌장 제51조에 근거한 국제법을 적용하더라도 전혀 문제없다고 검토하였다. 그렇다고 하더라도 이와 같은 법적 절차가 9-11공격과 직접 연관이 없는 사람에 대한 참수나 표적살해까지도 허용하는 것은 아니었다. 한편 미국 인권연맹ACLU/the American Civil Liberties Union을 포함한 인권 관련 NGO들은 표적살해 등이 과도하게 적용되는 것을 막기 위해서 이를 감시하는 방안에 대한 노력을 촉구하고 있다.

표적살해를 둘러싼 도덕적 시각의 논쟁은 훨씬 복잡하다. 이 논쟁의 핵심은 암살이 도덕적으로 정당화될 수 있는가에 대한 문제와 연관된다. 정전론正戰論/Just War Theory에 따르면 전쟁은 반드시 정당한 이유가 있어야 시작할 수 있으며, 최후의 수단으로 고려해야 한다. 또한 당국의 적절한 선전포고로 성립되며, 올바른 목표를 제시해야 하며, 성공할 수 있는 상당할 정도의 확률을 가지고 시작해야 하며, 사용하는 수단과 달성하려는 목적이 비례해야 한다. 그러나 이와 같은 조건은 전쟁으로 분류되지 않는 경우에는 적용되지 않는다. 예를 들면, 어떤 국가가 특정 범죄자를 암살하는 경우에는 정전론正戰論이 적용되지 않는다. 또한 문화적 비대칭성이나 도덕적 지침의 차이로 인해서 어느 한쪽이 상대방을 마비시킬 정도로 공포를 주입하기 위한 노력은 서양에서 널리 통용되는 정전론正戰論이나 이와 연관된 전통에 대해 보편성의 문제를 제기할 수 있다. 또한 이러한 조치를 취하지 않았을 경우 훨씬 더 악화된 결과를 가져왔을 것이라고 주장하는 결과주의자나, 특정 행동이 자신에게 정당한지 혹은 정당하지 않은지를 기준으로 판단하는 기회주의자 사이의 논쟁은 지속되고 있다. 그러나 현재 진행 중인 테러리스트와의 분쟁에서 참수와 표적살해 전략이 증가함에 따라 이러한 시각이 새로운 형태로 종합되고 있다. 과거에는 약자들이 주로 주장했던 정전론正戰論의 전통이 다른 맥락에서 이용되고 있는 셈이다.

참수Decapitation

앞서 제시한 논쟁에도 불구하고, 참수는 특정한 조건에서 매우 효과적인 전략이었다. 예를 들면, 미국은 20세기 초에 필리핀을 병합하는 과정에서 저항세력에 대한 필리핀 국민의 지지를 저지하기 위해서 참수전략을 채택하였다. 미국 원정군은 1901년 3월에 반란세력의 지도자 에밀리오 아기날도Emilio Aguinaldo를 체포한 뒤, 그를 강압하여 미국에 복종하도록 설득하였다. 그리고 한 달 후인 1901년 4월, 아기날도가 미국에 대한 복종을 공식적으로 표명하며, 모든 필리핀 국민의 무장해제를 촉구하는 성명서를 발표하였다. 필리핀 국민 중 일부는 저항했으나, 국민 다수는 아기날도의 권유에 따라서 저항을 멈추었다. 왜냐하면 당시에 아기날도는 필리핀 국민 사이에서 막대한 영향력을 행사하는 무게감을 가진 지도자였으며, 그의 후계자들은 아직 지도자로서의 리더십과 카리스마를 갖지 못했기 때문이었다. 만약 아기날도가 미국의 설득을 거부하며 처형되었으며, 그 과정에서 필리핀 국민에게 끝까지 싸우라고 호소하였다면, 그는 필리핀에서 항미抗美의 상징적 인물이 되었을 것이며, 그 결과 필리핀 국민은 수년간은 아니더라도 최소 몇 달 동안은 격렬하게 저항했을 것이었다. 이처럼 어떤 경우에는 적의 지도자를 죽이는 것보다는 체포하는 것이 오히려 도움이 되는 경우도 있다. 쿠르드 노동당the PKK이나 빛나는 길the Shining Path과 같은 테러조직을 약화시키는 과정에서도 지도자 체포가 결정적이었다.

하지만 적 지도자를 체포하는 것이 제거하는 것보다 나은 것인지에 대해서는 명확치 않은 경우도 있다. 이러한 사례는 아이티의 카코스Cacos 전쟁(1915~1916, 1918~1920)에서 잘 드러났는데, 이 전쟁에서 미군은 반란군 지도자 중 일부를 체포한 다음 항복을 거부하는 자들을 처형하였다. 카코스Cacos는 아이티의 농민인데, 이들은 지역 군벌의 통제를 받아 게릴라와 용병이 되었다. 반란군 지도자가 제거됨에 따라 폭도들이 모여서 결성된 조직은 곧 해산되었는데, 농민 중에서 지속적으로 저항하려는 자는 소수에 불과했다. 왜냐하면 반군은 농민을 계속 붙잡아둘 수 있는 기술과 능력이 부족했기 때문이었다. 반면 미군은 '무기를 가져오면 현금보상guns-for-cash'이라는 매수방안을 도입하여 게릴라에 가담한 농민이 무기를 가져오면 현금을 주고 사면시킴으로써 이들의 자수를 권유하였다. 미군이 시행한 이러한 효과적인 정책으로 인해서 군기가 부족했던 농민 게릴라들이 반군조직에 잔류하지 않고 대부분 투항하였다. 이처럼 미군이 아이티에서 적용한 전략도 성공했는데, 그 이유는 반란군의 상황, 즉 지도층과 조직원의 목표가 달랐기 때문이었다. 게릴라 지도자들은 격렬한 수단을 동원하려했으나, 농민은 미군이 제시한 무장해제 정책에 쉽게 매혹되었다. 하지만 참수는 미국이 아이티에서 추구했던 정치, 경제적 목표를 달성하는 과정에서 적용할 수 있는 장기정책은 아니었다. 미국의 추구하는 목표를 안정적으로 관리하기 위해서는 아이티에 군대를 주둔시켜 지속적으로 치안을 유지해야 했다. 결국 미국 군대는 1934년까지 아이티에 주둔했는데, 제1차 카코스 전쟁이 시작된 이후 18년 동안이나 주둔한 셈이다.

참수는 처리할 사안이 국가 지도자 개인의 문제로 국한되며, 국민 다수와 연관되지 않는 경우에 효과적이었다. 국가 지도자를 권력에서 물러나게 하는 것을 정권교체regime change라고 하는데, 가장 적은 양의 피를 흘린 상태에서 문제를 해결하는 방법이다. 예를 들면, 1954년에는 과테말라에서는 미국 CIA가 지원하는 쿠데타 세력이 자코보 아르베네즈Jacobo Arbenz를 권좌에서 몰아냈다. 그런데 과테말라 육군이 대통령에 대한 지원을 철회하는데 결정적인 영향을 한 정보수집 작전을 미국 CIA가 수행하였다. 이에 따라 과테말라 육군과 대통령이 직접 대립하는 양상이 전개되었으며, 심지어 군대가 대통령에게 사임을 종용하는 상황으로 전개되었다. 한편 1963년에는 미국과 영국이 영국령 기아나British Guiana의 수상 체디 자강Cheddi Jagan을 제거하는 연합작전을 펼쳤는데, 여기에서는 전국적 규모의 파업을 전개하고, 미국과 영국의 지원을 받는 소수당 연합이 선거에서 승리할 수 있도록 선거법을 개정토록 하였다. 1964년에는 미국 정부는 조아 고우라트Joa-o Goulart 브라질 대통령을 몰아낸 무혈 쿠데타를 지원하였다. 하지만 1973년에 칠레의 살바도르 할렌드Salvador Allende 대통령을 몰아낸 쿠데타 결과에 대해서는 논란이 많았다. 칠레의 대통령을 제거한 쿠데타가 성공할 수 있는 조건과 분위기를 만드는데 기여한 것은 미국의 CIA였으며, 쿠데타가 성공한 이후 권력을 잡은 사람은 아구스토 피노체트 Augusto Pinochet 장군이었다. 그런데 그는 재직 기간 중 칠레 역사상 가장 가혹한 강압정치를 펼쳤던 대통령으로 유명하다.

이처럼 참수가 성공적으로 작용했던 사례와 달리, 미국이 1961년에 쿠바의 수상 피델 카스트로Fidel Castro를 제거하기 위해 실시한 작전은 완전한 실패로 끝났다. 미국 CIA가 훈련시킨 약 1,400여명의 쿠바 난민으로 구성된 공격여단은 쿠바 내부에서 대규모 혁명지지 세력을 규합한 뒤, 궁극적으로 카스트로를 축출할 목적으로 피그스 만the Bay of Pigs에 상륙하였다. 공식적으로 카스트로 수상이 보유한 정규군은 30,000명이었으며, 이후 필요시 약 200,000명의 민병을 추가로 모집할 수 있었던 것으로 추정되었다. 그러나 이 병력이 정치적으로 카스트로에 대한 충성심을 가지고 행동할 것인지에 대해서는 명확치 않았다. 그런데 사태가 진전될수록, 미국 CIA가 카스트로에 대한 쿠바 군대의 충성심을 과소평가했음이 드러났다. 미국의 지원을 받고 파견된 쿠바 난민 공격여단은 예정지역에 상륙하였으나, 이들을 지원할 것으로 예상되었던 현지주민의 지원과 협조가 이뤄지지 않았다. 미국 정부는 이 작전에 대한 미국의 개입을 지속적으로 부인하였으며, 당시까지 발생한 손실을 수용하되 추가병력 투입은 중단하기로 결정하였다. (그 이후에도 미국 정부는 지속적으로 이 사건에 관련된 정황을 부인하고 있다.) 이에 따라 쿠바 난민 공격여단은 상륙 후 교두보 확보에 실패하였고, 대부분 항복하거나 교전 중 사망하였다. 쿠바 정부는 항복한 이들을 처형하였으며, 카스트로는 생존자 중 일부를 현금, 식량, 의료 지원의 대가로 미국으로 돌려보내기도 했다. 이후에도 오랜 기간 동안 미국은 쿠바의 독재자를 권력에서 몰아내기 위해 시도했으나, 어떤 것도 성공하지 못했다.

최근에 서방국가가 참수와 표적살해에 관심을 높이고 있는데, 그 이유는 현대 공군력의 투사범위 확대와 정확도 향상이 이 전략의 가능성을 부추기고 있기 때문이다. 무장 드론과 스텔스 항공기는 적 지도자에 대한 정확한 공격의 실행 가능성을 입증하며, 과거에 지상군을 투입하여 참수와 표적살해를 이행했던 것보다 훨씬 낮은 위험으로 원거리에서 신속하게 급격한 정치변화를 불러올 수 있을 것으로 기대한다. 이에 대한 사례로는 제1차 걸프전쟁(1990~1991)이 시작되기 이전에 군사 자문가와 국방 전문가들이 공군력을 이용하여 사담 후세인 정권을 참수하는 방안을 논의한 것을 들 수 있다. 미국 공군의 마이클 두간Michal Dugan 대장은 당시 사담 후세인이 '원 맨 쇼a one-man show'를 하고 있는 상황이며, 그가 제거되면 이라크 군대는 신속하게 "(쿠웨이트를 공격한) 정당성을 상실하며, 그로 인해서 이라크 군대가 자국으로 복귀하는 것은 시간문제"라고 주장하기도 했다. 따라서 그는 미국이 주도하는 다국적군은 쿠웨이트에 침공한 이라크군을 공격하기 보다는 이라크 내부의 여러 목표를 폭격함으로써 "이라크 국민에게 사담 후세인과 그의 정권이 이라크 국민을 보호할 수 없다"는 것을 확신시켜 줄 것이라고 가정하며, 이로 인해서 종국에는 사담 후세인의 리더십과 권위에 치명적 손상을 가져올 것이라고 주장하였다. 그러나 당시 미국의 부시 행정부는 이와 같은 공중공격이 다국적군이 추구하던 전쟁목표, 즉 쿠웨이트 해방을 넘어서는 것이라며 반대하고, 급기야 두간 대장을 해임하였다. 이러한 공격으로 인해서 사담 후세인이 제거될 경우 누가 이라크의 권력공백을 메울 것인지에 대해서는 미국 정부나 군대 중 어디에서도 고민하지 않았다. 또한 다국적군의 공격으로 인해서 격파된 통신체계 등 열악한 상황에서 누가 혹은 어떤 집단이 쿠웨이트로부터 이라크 군대의 철수를 명령하거나 철수 작전을 주관할 것인지에 대해서도 신경 쓰지 않았다. 특히 두간 장군이 예상했던 것과 달리, 이라크 육군이 형편없이 붕괴되거나 수준이 낮은 군대가 아니라면 전체적 상황이 복잡하게 전개될 가능성도 많았다. 두간 대장이 제시한 이론은 현실정치에서는 무시되었으나, 그의 주장은 이 시기에 공군력 신봉자들 사이에서 널리 통용되었다.

이와 유사한 맥락에서 미국 공군의 존 워든John Warden 대령은 참수나 표적살해와 직접적으로 연관되는 이론을 제시하였다. 워든 대령은 불필요한 사상자와 부수적 피해가 발생하지 않고 정밀 공중타격만으로도 적의 싸우려는 의지를 약화시킬 수 있다고 주장하였다. 워든 대령의 이론은 적의 리더십, 기본 작동체제(원자료, 에너지, 식량 등), 통신과 수송 등 사회 기반 시설, 인구, 야전에 배치된 군대 등 다섯 개의 상호연결된 하부조직의 역동적 체제에 근간

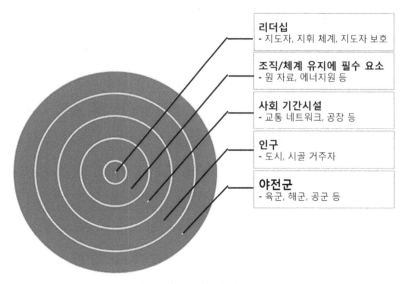

리더십
- 지도자, 지휘 체계, 지도자 보호

조직/체계 유지에 필수 요소
- 원 자료, 에너지원 등

사회 기간시설
- 교통 네트워크, 공장 등

인구
- 도시, 시골 거주자

야전군
- 육군, 해군, 공군 등

〈도표 2〉 존 워든의 5원 이론

☞ 워든의 5원 이론은 적이 주요 지도자, 중요 통신 및 통제수단, 에너지 생산시설, 기간 수송시설, 인구, 배치된 군대 등으로 구성된 통합된 체계라는 가정에서 출발한다. 워든은 이처럼 구성된 적의 시스템 내부의 특정지점을 정밀 공중공격하면 붕괴시킬 수 있다고 주장하였다.

을 두고 있다. 그는 이 요소들이 차례로 연결된 '원' 혹은 '링rings'으로 구성된 그래픽을 제시하였는데, 그것 때문에 그에게는 '반지의 제왕Lord of the Rings'이라는 별명이 붙기도 했다. 현대 공군이 실행하는 군사작전 목표는 각 원 내부의 결정적 지점critical points을 식별하는 것, 그리고 상대방을 공격하여 상대방이 항복하거나 혹은 상대방을 체계적으로 마비시키는 것이다. 특히 리더십 링에서 결정적 지점을 공격하는 것은 뱀의 몸체와 '뱀의 머리head of snake'를 분리시키는 것이며, 이를 통해서 참수를 실행하며, 동시에 적 군대에게 지침을 내리는 요소와 정보를 제거하는 형태로 진행될 것이다. 워든의 이론에서는 만약 아군의 공격에 의해 상대방 국가에서 예상했던 상황이 전개되었다면, 적은 전략적 마비로 인해서 자신의 의지를 수행할 수 있는 수단을 상실하는 심각한 문제가 있는 것으로 확인되었다. 특히 이 이론은 표적살해 실행에 장점을 가지고 있는 것으로 평가되었다. 왜냐하면 공자는 공격을 집중할 목표지점을 조절할 수 있는데, 이 지점은 완전한 참수를 수행하기 이전의 준비 혹은 참수 대신 다른 작전을 수행할 수 있기 때문이다.

미국과 연합국은 2003년에 참수작전을 실시하여 사담 후세인을 권좌에서 몰아냈다. 실제 군사작전이 실행되기 이전부터 CIA 요원들이 이라크 군대와 국가 지도자 사이의 관계를 갈라놓는 몇 가지 작업을 시도했다. 이러한 노력이 효과적으로 작용하여 상당수의 이라크 정규군 부대가 항복했으나, 일부 공화국 수비대와 비정규군은 사담 후세인에 대한 충성의사를 표명하였다. 이후 연합군이 신속하게 이라크를 점령하였고, 얼마 후 사담 후세인을 체포하였다. 하지만 연합군은 향후 이라크의 미래를 주도하기 위해 종교와 정치 분파 사이에 치열하게 전개된 내전에 직면하자 이를 해결할 수 있는 대책을 마련하지 못했다. 참수단계의 작전은 성공적으로 완수되었으나, 연합군은 이후 이라크를 대표할 수 있는 적법한 정권이 출범하도록 지원하는 과정에서 많은 어려움을 겪었다.

클라우제비츠가 주장했듯이, 이러한 상황에서 반란군의 중심重心/center of gravity은 핵심 지도자와 여론이다. 여기서 '중심重心/center of gravity'이란 사람, 물건, 생각 등 어떤 조직이나 운동이 결집하는 데 중요한 역할을 하는 것을 가리킨다. 위 사례에서 참수는 반란군의 중심 중 절반half을 공격하는 것이다. 그런데 적의 다른 절반에 대한 적절한 수단이 준비되지 않은 상황이라면, 반란군을 진압하는 과정은 시간이 지나면 지날수록 어려워질 것이다.

표적살해Targeted Killing

참수가 반란군의 중심 중 절반에 대한 공격이라면, 표적살해는 반란군의 주축을 이루는 조직원 다수를 체계적으로 공격하는 것으로 이해할 수 있다. 선별적 소모의 한 형태인 이 전략을 실행하기 위해서는 적에 대한 부수적 피해와 도덕적 반발을 불러일으킬 수 있는 잠재력이 통제 및 조정된 상태여야 한다. 오바마 대통령 재임 기간 중 미국이 이라크와 아프가니스탄에서 시도한 표적살해의 횟수가 늘어났는데, 이 과정에서 드론 사용이 급격하게 증가하였다. 드론을 사용한 공격대상은 적의 주요 지도자에 국한되지 않으며, 어떤 경우에는 중간 수준의 관리자, 때로는 계급이 낮은 전투원을 공격한 경우도 있었다. 2012년에 조사된 바에 따르면, 미군의 드론 공격으로 약 1,500명부터 2,600여명 사이의 적 전투원이 사망했으며, 2014년에 사망한 숫자는 약 2,400여명에 달했다. 드론 공격의 대상은 반란군의 군사작전을 조율하는 자, 급조 폭발물IED/Improvised Explosive Device 설치 요원, 반군에 보급품을 지원하거나 조달하는 자, 그리고 한 곳에 집결한 전투원 등이었다.

이러한 공격은 테러조직에 가담하려고 마음먹었던 사람들을 좌절시키거나 혹은 이 조직에 이미 가입된 사람들에게 조직을 버리고 도망치도록 자극하는 효과가 있다. 탈레반 지도자 중 한 사람은

"미군의 작전은 매우 효과적이었다. 야간습격, 공중공격, 지상공격 등으로 인해서 미군이 나를 죽일 것으로 생각하며 두려워했다"고 진술한 바 있다. 이러한 진술은 포로로 잡힌 탈레반 지도자가 미국 심문관이 듣고 싶어 하는 이야기를 짐작하여 그대로 말했을 가능성이 높다. 이와 같은 진술의 진위를 제대로 평가하기 위해서는 이 기간 중에 격렬한 반군 활동이 실제로 늘거나 줄었으며, 그 이유가 무엇인지를 함께 분석해야 한다. 2013년에 RAND연구소와 미국 국무부가 발행한 보고서에 따르면, 표적살해 작전이 실행되었음에도 불구하고 전 세계적으로 테러리즘은 증가하였다. 다시 말해서, 표적살해는 테러공격이나 반란군의 공격의 증가 및 감소에 직접 영향을 미치는 요소가 아니었던 셈이다. 반면 테러와 반란 행위의 증가와 감소에 관련된 다른 요소는 격렬해진 종파분쟁, 반군에 대한 주변국의 지원으로 인해 이들이 안전한 곳으로 잠적한 뒤 다시 재무장하고 작전을 수행할 수 있는 준비를 갖추는 상황, 반군이 반격을 재개할 정치, 계절, 시기적 상황 등이었다. 상황에 따라서는 표적살해가 그저 '잔디를 깎는 것mowing the grass,' 즉 미봉책에 지나지 않을 수도 있다. 하지만 표적살해에 기대하는 것이 그것이며, 표적살해를 통해 달성할 수 있는 것도 그것이라는 점을 이해해야 할 것이다.

표적살해는 참수전략이 적용되기 힘든 상황이나, 적 조직을 완벽하게 붕괴시키기 힘들 때 채택하면 효과가 큰 것으로 확인되었다. 참수전략은 결속력이 강한 중앙집권화 된 조직에 적용할 경우 최적이다. 그러나 최근에 활동하는 테러조직이나 반군 조직은 다양한 형태로 분권화되어 있는데, 특정 인물이나 소수 지도자에게 권력이 집중된 조직은 드물며, 대체로 '여러 개의 머리를 가지고 있는 뱀snake'과 같다. 게다가 일부조직은 현재 지도자가 죽거나 포로로 잡힐 경우 신속하게 중간 지도자를 최고 지도자로 추대하는 방안을 마련해 놓은 경우도 있다. 예를 들면, 이스라엘이 수년 동안 공격을 시도한 결과 수많은 하마스Hamas 지도자가 제거되었다. 그런데 특정 지도자가 제거되었다고 해서 하마스 조직 전체의 효율성이 크게 손상되지 않았는데, 그 이유는 다른 인물이 최고 지도자 직위를 승계하여 그 간격을 채웠기 때문이었다. 한때 미국 정부는 이라크에서 활동하는 알 카에다가 완전히 제거되었다고 주장한 적이 있다. 그런데 실제로 알 카에다 조직원은 다른 조직, 즉 the Daesh나 ISISthe Islamic State of Iraq and Syria, ISILIslamic State of Iraq and the Levant, 이슬람 국가the Islamic State 등의 조직으로 이동하여 활동을 재개하였다. 이러한 경우 표적살해를 채택한 국가는 해당조직에 지속적인 압박을 부과함으로써 이들의 활동을 제한하며, 이 사이에 다른 전략이나 정책을 준비할 수 있다.

참수와 표적살해만으로는 어떤 조직을 영구히 파괴시킬 수는 없으나, 이 두 가지 전략을 통해 이 조직의 효율성을 일시적으로 제한시키는 것은 가능하다. 많은 연구에서 알 수 있듯이, 어떤 조직에서 지도자 교체가 단행된 경우에는, 과정의 폭력성 여부와 관계없이, 그 조직의 성과와 효율이 줄어든다. 지속적으로 지도자를 교체해야 할 경우 종국에는 그 조직이 해체되거나, 사라질 수도 있다. 이러한 상황은 정규군과 범죄조직에 모두 해당한다. 전쟁에서 사상자가 발생하는 것은 불가피한데, 대부분의 군사조직은 대부분 본질적으로 인명손실에 대한 회복력을 가지고 있으며, 또한 충분한 시간을 보유한 경우 이를 더욱 발전시킬 수도 있다. 따라서 참수와 표적살해는 일시적 해법만이 아니라 신속하게 추진할 수 있는 기회라는 시각으로 판단할 때 현실적 해법이 될 수 있다. 이와 같은 상황이 전개되지 않을 경우에는, 대체로 시간과 싸우는 소진전략에 대항하는 소모전략이 될 것이다.

마키아벨리가 예측하였듯이, 상대 지도자와 주변 인물을 살해하는 것만으로는 지속적 성공이 보장되지 않는다. 이후 계승자들이 외부세력을 전복하려고 노력할 것이기 때문이다. 마키아벨리의 의견은 2003년에 적용되었는데, 당시 미국이 주도한 연합군은 사담 후세인 통치 시절에 이라크를 중앙집권적으로 통치한 바트당the Ba'ath Party을 해체하였다. 이때 마키아벨리의 경고를 완전히 무시하는 것은 어렵지 않았다. 마키아벨리는 참수를 통하여 적국을 점령할 뿐만 아니라, 정권이 교체된 이후에도 지속적인 관리를 위한 노력에 힘써야 한다고 강조한 것이다. 이는 정권교체와 같은 정치적 목표를 달성함에 있어서 파생되는 중요한 사안이며, 정책결정자와 군사 전략가들이 행동에 돌입하기 이전에 미리 고심해야 할 사안이었다. 칠레의 피노체트 장군의 사례에서 보여주듯이, 정권교체가 항상 더 나은 결과를 가져왔던 것은 아니었기 때문이다.

조직을 붕괴시키는 방법이라는 측면에서 볼 때, 참수는 특정 지도자와 집단을 제거하기 위해 수행하는 위험한 작업인데, 특히 이들은 자신이 통치하는 군대조직에게 더 이상 싸우지 말라고 통제할 수 있는 권한을 가진 사람이기 때문이다. 이와 같은 문제를 그림으로 유추할 경우 다음과 같다. 즉, 적이 뱀이 아니라 문어와 같은 조직이라고 가정하면, 적의 머리는 반드시 몸체로부터 제거되어야 할 것이지만, 각각의 다리와 촉수는 여전히 심각한 해를 끼칠 수 있다. 그런데 여러 개의 촉수 중 하나라도 대량 살상무기WMD를 사용할 수 있는 능력을 가지고 있다면, 그것만으로도 하나의 국가나 정부를 붕괴시켜 교체시킬 수 있는 물리적, 심리적 피해를 가져올 수 있다. 이러한 상황에서 참수전략을 구사하면 그만큼 역효과를 가져올 수도 있다.

표적살해의 효율성을 축소하고, 이 전략의 실행을 정치적으로 더욱 어렵게 만들기 위해서 무장단체는 인구 밀집도가 높은 지역으로 이주하려고 하며, 또한 비전투원을 활용하여 자신들을 보호하기 위한 인간방패로 사용하기도 한다. 제거하려는 대상이 이와 같이 행동함에 따라 표적살해를 추진하기 위해서는 사전에 획득하는 정보가 정확해야 하며, 표적 공격시간과 주파수에 대한 정보를 엄격하게 통제해야 한다. 표적살해 공격으로 인해 부수적 피해가 발생하지 않았다고 하더라도, 상대 조직은 아군의 공격으로 인해 발생한 피해를 앞세워 다양한 미디어 전쟁을 시도할 것이다. 따라서 표적살해 전략을 수행하기 위해서는 고도로 훈련된 요원이 정밀하게 작동하는 무기체계를 동원해야 한다. 왜냐하면 징집을 통해 모집한 인원으로는 이와 같은 작전을 수행하기에 적합한 기술을 가지고 있는 인재를 발견하기 어렵기 때문이다.

표적살해에 성공하기 위해서는 소모전략이 성공하기 위해 갖춰야 할 요건을 어느 정도 충족시켜야 한다. 계량적 분석은 성공과 실패를 정확하게 반영하지 못한다. 다른 전략에서와 마찬가지로, 어떤 조직의 기본적 강점과 약점, 그리고 인원구성에 대한 정확한 정보 획득은 중요한 절차이다. 특히 상대방이 하나 이상의 문제에 직면한 경우에는 복수의 전략 혹은 잘 준비된 전략을 사용하는 것이 효과적이다. 예를 들면, 어떤 조직에 대해서 참수전략과 상대 조직원 사이의 분화를 조장하기 위해서 외교 및 정보작전을 동시에 구사하는 것은 효과적인 방법이 될 수 있다. 이와 같은 전략은 상대 조직의 생명선을 자르거나 위협하는 소모전략과 병행하여 구사할 수 있다. 또한 다른 조직에 협조하도록 뇌물로 매수하는 사이에 이와 다른 방법을 적용할 수도 있다.

요약하면, 전략의 형태로서 참수와 표적살해는 이들이 적용되는 상황과 조건, 그리고 어떤 목표를 달성하고자 하는지에 따라 달리 적용될 수 있다. 이러한 전략은 특정한 갈등 원인을 제거하는 과정에 적용하기에는 바람직하지 않을 수도 있으며, 또한 항상 가능하지 않을 수도 있다. 이와 같은 상황은 이러한 전략을 구사하려는 당사자의 의지가 강하지 않거나, 혹은 오랜 시간이 걸리는 해법에 소모할 비용조달이 어려운 경우에 자주 적용된다.

상대 조직이 사용하는 군사작전을 일시적으로 방해하거나 이들의 효율성을 감소시키는 것은 달성가능하거나, 혹은 추구할 수 있는 주요 목표가 될 수 있다. 참수와 표적살해는 적에게 메시지 messages를 보내는 정책목표로도 사용될 수 있는데, 이 경우에 메시지의 대상에는 적뿐만 아니라 자국 국민도 포함된다. 그리고 이 전략을 사용함에 따라 국내에서 요구하는 적에 대한 보복을 만족시키는 효과도 있는데, 국내에서 적에 대한 보복을 요구하는 경우에는 대체로 폭력 사용이 증가한다. 입수된 정보가 정확하다고 가정할 경우, 이 두 가지 전략은 적에 대한 선제공격이나 의도치 않은 사건의 연기에 도움을 줄 수 있는데, 대표적인 사례는 적국의 핵무기 개발 등이다. 또한 참수와 표적살해를 통해 자신이 처한 전략적 상황을 변화시킬 수 있는 시간을 확보할 수 있는데, 이렇게 확보된 시간에는 어려운 상황을 해결할 수 있는 기술과 능력을 가진 새로운 동맹국이나 파트너를 확보할 수도 있다. 그러나 시간을 확보하려고 결정하는 과정에는 심각한 위험이 존재하기 때문에, 대부분의 경우에는 이 문제를 해결하려 하기 보다는 회피하려 한다. 더 많은 시간을 확보하려는 성향은 극복하기 어려운 습관일 뿐이다.

제7장. 사이버 파워와 군사전략
Cyber power and military strategy

2012년에 미국 국방장관 네온 페네타Leon Panetta는 사이버 공간을 '새로운 국경the new frontier'이며, 전쟁의 '새로운 영역the new terrain'이라고 선언하였다. 미국 국방장관의 이와 같은 발언에서는 변화를 쉽게 받아들이지 않는 관료사회조차 최근 전쟁에서 디지털 통신과 인터넷 사용에서 나타난 새로운 종류의 힘이 미치는 영향을 인정 및 수용하는 것을 알 수 있다. 무력분쟁과 군사전략에서 사이버 파워cyber power를 적절하게 자리매김하기 위한 다양한 논쟁이 진행 중이다. 사이버 파워가 상대방의 물리적 능력과 싸우려는 의지를 감소시키는 강력한 수단이라는 점에는 이론異論의 여지가 없다. 바로 이 점이 군사 전략가들이 사이버 파워를 중요하게 고려하는 이유이다. 오늘날 군사력의 사용은 사이버 파워의 활용과 밀접하게 연관되어 있다. 그런데 사이버 파워는 다소 논란의 여지가 있는 '사이버 전쟁cyber war'이라는 용어와 연계되어 있다. 사이버 파워는 사이버 공간 내에서 보안을 작동하기 위한 능력으로 정의할 수 있다. 반대로 사이버 전쟁cyber war 혹은 사이버전cyber warfare은 상대방을 물리적, 심리적으로 타격하기 위해서 디지털 '코드code'를 사용하는 것이며, 이를 통해서 우리가 원하는 대로 상대방이 움직이도록 강요하는 것이다. 그러나 일부 전문가는 사이버 공격이 적에게 인명손실이나 물리적 파괴 등의 피해를 줄 수 없기 때문에 사이버 전쟁이라는 것은 그 자체가 불가능하며, 이 용어를 사용하는 사람들이 대부분 과장하고 있다고 주장한다.

일부 전문가 중에는 사이버전이 발생할 것인지, 이미 시작되고 있는지, 아니면 앞으로 일어날 것으로 예상되는지에 대한 의견이 분분하다. 국가 혹은 비국가 행위자와 연관된 수없이 많은 '사이버 전투cyber-battles'가 계속해서 발생하고 있는 상황에도 이러한 논쟁이 지속되는 것은 흥미로운 현상이 아닐 수 없다. 핵무기가 도입되었던 상황과 마찬가지로, 사이버 공간의 발견으로 인해 군사전략의 기본 개념, 그리고 우리가 이를 어떻게 수용할 것인지를 심사숙고하는 계기가 되고 있다.

사이버 전쟁Cyber War

미국 국가 안전보장이사회 사이버 테러리즘 보좌관을 역임한 리처드 클라그Richard Clarke가 저술한 『사이버 전쟁』Cyber War(2010)이라는 저서는 미국의 주요 사회 기간시설에 대한 사이버 공격이 자칫 거대한 아마겟돈Armageddon의 공격과 같은 상황을 야기할 수 있다고 주장하여 관심을 끌었다. 하지만 전문가들은 클라크의 주장이 상당부분 잘못된 것이라고 분석하였다. 그럼에도 불구하고 일상적 업무처리에 바쁜 정책결정자들이 사이버 전쟁의 전개여부나 위협에 관심을 기울이는 정도와 무관하게 사이버 전쟁의 위협이 점차 증가하는 것은 부정할 수 없는 사실이다. 다만, 2012년 10월에 네온 파네타 국방장관이 현재 미국에 대한 사이버 '진주만 공격cyber Pearl Harbor'이 진행될 가능성이 있다고 발언한 것은 지나친 과장이었다. 그의 발언은 사이버 보안을 강화해야 할 필요성에 대한 주의를 환기시키기 위한 의도에서 나온 것이었으나, 점차 이 발언은 본래의 의도와 전혀 다르게 확산되고 말았다. 이 발언을 계기로 사이버 공격의 위협을 강조하는 이들을 모두 신뢰할 수 없다는 주장이 제기되기도 했기 때문이다.

반면에 2014년 1월에 미국 국가정보국장 제임스 클래퍼James Clapper는 훨씬 신중하게 대처하였다. 그는 과장된 표현을 사용하지 않고 비교적 정확하게 사이버 위협을 진단하였다. 그는 미국이 직면한 심각한 사이버 상의 취약점은 디지털 네트워크를 통해 '정부의 핵심 기능, 산업과 상업, 건강과 복지, 사회적 커뮤니케이션 social communication, 개별 정보'를 신속하게 이송하는 온라인 기간시설의 보안을 지나치게 신뢰하는 것에서 출발한다고 지적하였다. 그리고 얼마지나지 않아 그의 평가가 틀리지 않았음이 입증되었다. 2015년 7월에 미국 연방정부 인사관리국the U.S. Office of Personnel Management 보안장비가 해킹되어 미국 정부관료 약 4백만 명의 개인정보가 포함된 민감한 자료가 대량으로 노출되는 사고가 발생하였다. 앞서 언급한 것처럼, 미국 국민과 국가 정보활동을 침해하는 것을 막거나 보완하는 데에는 많은 비용이 소모되는데, 이 중에는 보완 및 보수, 수정이 불가능한 것도 많다. 더구나 미국 정부가 국민의 개인정보를 보호할 수 있는 능력을 가지고 있다는 것에 믿음과 신뢰에 손상이 생긴 것인데, 이것은 쉽게 만회할 수 있는 것이 아니었다.

오늘날 사이버 전쟁은 다음과 같은 세 가지 형태의 경쟁양상으로 진행될 것으로 예상된다. 첫 번째는 중요한 데이터의 신속한 전송과 온라인 네트워크 기능 사이의 경쟁인데, 이는 상당히 매력적인 목표이다. 두 번째는 지속적 사이버 보안체계의 활동인데, 이는 네트워크를 보호하기 위한 노력이다. 세 번째는 사이버 공격자의 끊임없는 시도인데, 범죄자이건 혹은 스파이건 간에 이들은 지속적으로 사이버 보안체계를 깨트리려 할 것이다. 이와 같은 경쟁과 대응–역대응을 포함한 역동적 관계는 사이버 전쟁이라는 용어에 함몰되어 진정한 의미를 발휘하지 못하는 경우도 많다.

일부 전문가는 '사이버 전쟁cyber war'이라는 개념에 둘러싸인 과장을 덜어내고 있는데, 이들은 사이버 전쟁이 실제전쟁real war과 어떻게 다른지를 설명하려고 한다. 이들에 따르면 사이버 작전에서는 인명손실이 발생하지 않으며, 제한된 물리적 피해만 발생한다는 증거는 없었다. 또한 게다가 사이버 공간의 성격 때문에 사이버 공격을 통해 아마겟돈이나 진주만 공격과 같은 상황을 만들 수 있다는 주장은 사실상 불가능하다고 평가하였다.

더 큰 제한사항은 사이버 공간 내부의 권한설정이 난해하여 누가 공격을 개시했는지를 제대로 판단하는 것이 쉽지 않다는 점이다. 예를 들면, 미국 연방 인사관리국에 대한 해킹은 지리적으로는 중국에서 시도된 것으로 확인되었다. 그런데 실제로 이 공격을 개시한 주체가 중국의 사이버 범죄조직인지, 아니면 중국 정부가 채용한 요원인지를 판정하는 것은 사실상 불가능했다. 다른 국가의 정부가 얼마나 밀접하게 관련되었는지, 그리고 공격이 어디에서 개시되었는지를 파악하는 것도 명확치 않다. 실제 공격자를 식별할 수 있는 명확한 기술과 능력이 부족한 상황에서는 누구나 어떤 공격행위를 비난할 수 있으며, 혹은 비난을 받을 수도 있다. 그런데 이와 같은 사이버 공간의 특성 때문에 실제로 사이버 공격을 주도한 이들의 능력, 즉 정치적 가치를 얻어 내거나, 여기에서 더 많은 영향력을 행사하려는 능력이 감소되기도 한다. 그리고 사이버 파워를 적용하는 과정에서는 특정 사이버 공격을 누가 시도했는지에 대해서 어떤 개인이나 집단을 가해자로 지목할 수 없게 됨에 따라 결국 정치적 도구로서 사이버 전쟁의 효용성이 감소했다. 하지만 현실에서는 이와 같은 상황은 정반대로 진행되고 있다.

다른 전문가들은 사이버 전쟁이 가져오는 물리적, 재정적 피해는 국민의 개인정보가 유출되거나 일부 은행에 대한 해킹공격으로 인해 송금이나 자금이체가 제한되는 등 비교적 미미하다고 주장하며, 이들이 사이버 공격에 의한 피해가 아닐 수 있다는 의견을 제시한다. 대신 이들은 사이버 전쟁이 잠재적 사이버 공간에서 제공되는 정보조작이라는 점에 주목한다. 이러한 정보조작을 통해 정치여론 형성, 소비자 의견과 습관, 사회 규범, 집단 정체성, 문화적 가치 등에 영향을 미치려 한다는 주장이다. 간략하게 말하면, 이들은 사이버 전쟁을 '자유로운 인터넷 사용의 정치 경제the political economy of Internet freedom'로 정의한다. 이러한 맥락에서 사이버 전쟁은 온라인 네트워크를 통해 전달되는 글과 이미지의 힘을 빌려서 의견을 교환하고 누군가의 마음에 영향을 주는 과정이나 전투라고 할 수 있다.

많은 국가는 사이버 전쟁이 발명되기 훨씬 이전부터 이와 같은 형태의 선전전쟁propaganda wars 혹은 이념전쟁wars of idea을 치러왔다. 그리고 이와 같은 형태의 전쟁은 사이버 전쟁이 다른 어떤 것으로 대체되더라도 지속될 것이다. 사이버 공간은 이러한 과정을 가속화시킬 뿐만 아니라 더욱 강화시킬 것이다. 또한 사이버 전쟁을 이러한 형태의 전략적 의사소통strategic communication에서의 분쟁으로 축소시켜 이해하는 것은 광범위한 분량의 민감한 정보가 유출되어 활용될 때 모습을 드러낼 물리적, 심리적 해로움을 간과하는 것과 마찬가지다. 유출된 정보를 이용하는 방식에는 민감한 정보를 볼모hostage 삼아 상대방을 강압 혹은 억제하려는 것도 포함되는데, 이는 사이버 강압에 해당한다.

한편 현재 진행 중인 사이버 전쟁이 '실제 전쟁real war'인지에 대한 논쟁은 핵심에서 벗어난 것인데, 이때 주요 논점은 전쟁이 아니라 파워power, 즉 힘이다. 사이버 파워는 사이버 공간에서 안전하게 데이터를 이동하고 기능을 수행하는 능력을 말하는데, 이 능력은 적용되는 방식이 다르지만 기존의 전통적 형태의 군사력이 할 수 있는 만큼의 정책도구로서 활용될 수 있다. 또한 이 힘은 범죄를 위한 목적으로 사용될 수 있기 때문에 국가가 관리하는 힘 중의 하나이며, 다른 종류의 힘과 차이가 없다. 경쟁세력 사이에 특정형태의 사이버 경쟁이 발생하는 것은 명확하지만, 이것을 과연 사이버 전쟁으로 분류할 수 있는지는 명확치 않다. 자신이 보유하고 있는 민감한 정보와 정부 시스템의 핵심기능을 보호할 수 있는 충분한 사이버 파워를 보유했는가의 여부가 핵심이며, 반대로 상대방의 사이버 파워를 방해하거나 감소시킬 수 있는지 혹은 그렇게 하도록 위협할 수 있는 능력을 보유하고 있는지를 파악해야 한다. 따라서 사이버 전략cyber strategy은 기본적으로 사이버 파워를 활용한 방어와 공격을 조율하는 것인데, 이때의 공격대상이 사이버 자원의 활용에

만 국한되는 것은 아니다. 다른 형태의 국력과 정보수집에도 사이버 파워가 적용된다. 예를 들면 사이버 공격 시도에 대한 판단은 사이버 수사를 통해 이뤄지는 것이 아니라 다른 형태의 정보수집을 통한 노력을 종합적으로 분석한 뒤에 이뤄진다.

대부분의 정치 이론은 사이버 공격의 개시 여부를 중시하지만, 강압이나 억제의 활용에 핵심요소로 작용하는 것은 아니다. 마오쩌둥으로부터 블라디미르 푸틴에 이르기까지 중국과 러시아의 국가 지도자는 군사력을 의도적으로 악용함으로써 비난을 받았지만, 이러한 행동으로 인해 오히려 신뢰를 얻기도 했다. 또한 그들은 자신의 독특한 행동으로 인해 많은 이익을 얻었는데, 수많은 사실이 이러한 주장을 뒷받침한다. 일시적이지만 정치적 가치는 다양한 방식으로 누적되며, 심지어 '빌려오는 것borrowed'도 가능하다. 마오쩌둥은 국공내전 기간에도 이와 같은 방식을 활용하였다. 그가 이끄는 중국 공산당이 일본군을 제압한 상황을 대대적으로 홍보하였으며, 장개석이 지휘하는 국민당군에 대해서는 계속해서 나태하고 무능하다고 비판하였다. 한편 정치적 가치는 쿠데타와 반란에서 출현하기도 한다. 이것은 푸틴이 우크라이나에서 발생한 군사분쟁에서 사용하던 방법인데, 푸틴은 지속적으로 이들과의 관련을 부인하고 있다.

사이버 파워는 과거에 비해 이러한 가치에 훨씬 빠르게 적용할 수 있는데, 일부 이론가들은 이를 '회색지대 전쟁grey zone war'이라고 명명하는데, 이 전쟁에서는 적의 대응이 혼재되어 나타난다. 이

전쟁에서 누가 공격을 개시했는지를 조사하는 것은 적절하지만, 대부분 불가능하다. 그리고 이에 대해서는 진실이 규명될 경우에 더 이상 문제 삼지 않는다. 따라서 다른 형태의 군사력과 마찬가지로 사이버 파워도 중요하며, 이를 다양한 형태의 군사력과 함께 사용함으로써 다양한 시너지 효과를 기대할 수 있다.

사이버 파워Cyber Power

사이버 파워는 다른 형태의 군사력과 달리 독특한 형태로 구성된다. 따라서 학자들은 사이버 파워를 전략적으로 생각하기에 적절한 사례나 설명의 틀을 찾으려고 노력해왔다. 일부 학자들은 사이버 파워를 공군력이나 해군력에 비유하거나, 핵전쟁에 빗대어 설명하기도 하며, 생물학 무기와 비교하는 이들도 있다. 실제로 사이버 공간에 대해서는 '호스트hosts', '바이러스viruses', '감염contamination'과 같은 생물학 용어가 널리 사용되고 있다. 반면에 생물학 인자들은 아직 프로그램화되지 않았으며, 이들은 디지털 코드가 수행하는 것과 같은 방식으로 데이터를 조작하거나 기계에 지침을 하달하지는 못한다. 사이버 공간은 물리적 구성요소와 가상의 구성요소로 구성된다. 물리적 구성요소는 터미널, 노드, 전선관 등으로 구성되며, 가상의 구성요소는 접근the access, 조작manipulation, 데이터의 제시representation of data와 연관된다. 가상의 구성요소는 물리적 구성요소와 달리 물리학 법칙에 민감하지 않으며, 또한 모두에게 영향을 미치는 시간, 거리, 지형, 기후 요소의 적용을 받지 않는다. 어떤 컴퓨터가 다른 컴퓨터에 도달하는 데 걸리는 시간은 불과 몇 초이다. 네트워크 연결과 지속적 전원 공급은 중요한데, 이들이 없다면 가상의 구성요소는 존재할 수 없으며, 물리적 구성요소는 무용지물이 되고 만다.

　클라우제비츠의 주장처럼, 전쟁은 그 자체의 문법grammar이나 작전원칙을 가지고 있으나, 그것 스스로 논리logic가 되는 것은 아니다. 사이버 파워는 군사적 문법에 따르는데, 이것은 다른 도메인(영역)에서 사용되는 문법과 다르다. 예를 들면, 사이버 상에서는 지구의 어느 곳으로부터, 심지어는 어떤 국가의 내부에서도 특정 국가를 공격할 수 있다. 또한 하나의 코드로 다수의 목표를 정해진 시간과 정해진 시간 동안 공격할 수 있으며, 이 과정에서는 별도의 군수지원이 필요치 않으며 자신의 신분을 밝힐 필요도 없다. 사이버 파워는 다른 형태의 군사력과 달리 인명을 살상하지 일으키지 않는다는 점에서 정치적 장점을 가지고 있다. 그러나 원래 공격대상으로 설정하지 않았던 다른 시스템을 의도치 않게 감염시키는 등 부수적 피해가 광범위하게 발생할 수도 있다. 이 도메인에서는 공격이 방어에 비해 강한 것이 명확하지만, 중요한 것은 핵심정보의 보안을 유지하는 사이버 방어이다. 모든 형태의 군사작전에서 사이버 방어는 가장 중요한 조건으로 인식되고 있다.

　특히 사이버 전술은 하나의 도메인이 아니라 모든 도메인으로부터 기본원칙을 빌려올 수 있다. 공격자에 대한 정보를 입수하기 위해 공격자를 위조된 사이트로 유인하기 위한 목적으로 고안된 달콤한 함정honey-pot traps, 위조된 데이터가 추가된 디지털 모형decoy의 사용, 원거리에서 통제 가능한 로봇 네트워크botnets의 활용, IP 주소와 사인 식별, 뒷문 침투 기술, 트로이의 목마, 피싱 계획과 창

공격spearing attack 등의 활용, 바이러스에 감염된 링크와 이 메일 E-Mail 발송 등 현재까지 식별된 사이버 전술의 형태도 다양하다. 이처럼 사이버 파워는 그 자체를 다른 형태의 힘으로 설명 및 비교하는 것이 쉽지 않다. 더구나 이러한 비교는 사이버 전략을 구상하는 단계에서 잘못 사용될 가능성도 크다.

사이버 전략Cyber Strategy

사이버 전략은 사이버 공간에서 자신이 보유한 중요 정보와 필수 기능을 보호하기 위해 사이버 파워와 다른 자원을 관리하는 것이며, 동시에 적이 이와 같은 행동을 하지 못하도록 능력을 제한하거나 차단하는 것이다. 실행 가능한 사이버 전략이 되기 위해서는 데이터에 대한 접근을 거부하는 능력, 데이터 개입 및 수집 능력, 데이터 조작 능력 등을 갖춰야 한다.

거부denial란 금융거래, 에너지 생산과 전송, 정보수집, 일상적 대화 등과 같은 중요 정보와 활동에 대한 접근을 단절하는 것이다. 이 전략은 디도스DDoS/distributed denial of service라고 알려진 형태의 공격과 연관된다. 이 전략은 정부 정책과 더불어 사이버 블랙리스트 작성과 혼합하여 사용할 수 있는데, 예를 들면 미국 재무부가 알 카에다, 북한, 이란, 이라크, 시리아 등 '불량rouge' 국가에 대해 단행한 재정고립에 적용된 바 있다. 위에 열거된 국가와 재무거래를 수행하는 은행이나 금융기관은 '테러리즘 방조자 혹은 연관자enabler or associate of terrorism'로 지정됨에 따라 이들의 IP 주소 중 일부는 미국의 재정체계에 대한 접근이 거부되었다. 이러한 형태의 거부정책은 사이버 파워의 활용과 관계된 것이며, 위에 열거한 국가들이 추진하는 작전에 필요한 자본모금과 송금을 제한하였다.

한편, 사이버 공간은 범죄자나 테러리스트가 자신의 활동을 지속하거나 혹은 새로운 동조자를 모집하는데 필요한 커뮤니케이션 수단으로 사용된다. 다행스러운 것은 조사 및 감식기술의 발달로 인해서 범죄자와 테러리스트가 사이버 공간을 사용하는 것이 그다지 안전하지 않다는 점이다. 더구나 일부 전문가의 주장과 달리, 어떤 국가의 핵심 기간시설에 대한 서비스를 거부하여 그 국가 국민에게 공포감을 심어주고, 이를 통해서 즉각적 정치권력의 변화를 가져오도록 할 정도의 대규모 공격을 감행하는 것은 쉽지 않다. 한편 다른 국가의 엘리트 인사나 특정 개인에 대한 입국 금지, 자금동결 등과 같은 표적제재targeted sanctions도 거부정책의 또 다른 형태이다. 이러한 수단의 효율성은 논쟁의 대상인데, 왜냐하면 대상자의 모든 재산이 실제로 동결되는지 혹은 감시가 이뤄지지 않은 상태에서 부수적인 피해가 실제로 발생하는지를 확인하기 어렵기 때문이다.

개입Intervention은 사이버 교류와 축적된 데이터를 관통하여 정보를 엿듣고 수집하는 것을 말하는데, 일종의 간첩활동이라고 할 수 있다. 사이버 간첩활동이란 다른 컴퓨터 시스템이나 네트워크에 접근하여 민감한 정보를 불법적으로 도용하는 것이다. 사이버 간첩활동 사례는 2015년의 미국 연방 인사처에 대한 공격, 2003년에 미국 국방부, 국무부, 국토안전부에 대한 장기간의 '타이탄 레인Titan Rain' 공격 등이 있다. 중국 국적자가 이 공격을 시도했는지의 여부는 확인되지 않았지만, 이 공격이 중국 관련 컴퓨터에서 시행된 것은 확인되었다. 이 공격의 목표는 미국 정부 관료의 신상정보를 최대한 많이 훔치는 것이었으며, 이렇게 훔친 개인정보를 활용하여 다른 중요한 네트워크에 포괄적으로 접근하려 한 것으로 추정된다.

조작Manipulation은 두 가지 의미를 가지고 있는데, 첫째는 어떤 시스템을 거부하거나 망가뜨려서 '부수는crash' 것이며, 둘째는 애초에 의도했던 결과와 다른 결과가 나오도록 유도하는 것이다. 사이버 조작이 이뤄지는 일반적 형태는 악성코드나 바이러스 (혹은 컴퓨터 파괴 소프트웨어)가 다른 시스템으로 퍼져가는 것이다. 상대방의 시스템을 조작하는 것은 그것을 파괴하는 것보다 훨씬 이로운 결과를 가져올 수 있으나, 이를 위해서는 적절한 순간까지 상대방에게 적발되지 않아야 한다. 이란의 나탄츠Natanz 핵시설에 침투하여 수많은 컴퓨터 시스템을 무력화시킨 소위 스턱스넷 바이러스the Stuxnet Virus는 사이버 사보타쥬의 한 형태였다. 파괴disruption는 어떤 시스템의 통제나 권위를 약화시키는 것을 가리킨다. 사이버 공간과 소셜 미디어는 혁명운동에 추동력을 모을 수 있는 능력을 강화시켰으나, 이와 동시에 이들을 사용하는 국가 지도자가 이에 대응하거나 혹은 혁명운동의 추동력을 잠재울 수 있는 능력도 강화되었다.

사이버 조작을 통해 경제 혹은 재정전쟁이 촉발될 수도 있다. 경제전쟁economic warfare은 재화와 서비스의 통제를 위한 투쟁이며, 재정전쟁financial warfare은 생산과 분배라는 경제의 근간을 흐르는 신용과 기본 화폐를 차지하기 위한 싸움이다. 재정전쟁의 목표는 상대방이 상품 가격책정, 환율 설정, 자본형성, 위기관리 등과 같은 기본적인 금융활동을 수행할 수 있는 능력을 파괴하는 것이다. 이와 같은 활동에 장애가 발생하면 해당 국가의 경제는 즉시 정지할 것이다.

경제전쟁과 재정전쟁은 적뿐만 아니라 우방에게도 사용될 수 있다. 1956년 11월에 미국의 드와이트 아이젠하워Dwight Eisenhower 대통령은 영국과 프랑스가 수에즈 운하를 점령하지 못하도록 차단하기 위해서 재정전쟁 전략을 구사하였다. 아이젠하워 대통령은 미국이 보유하고 있는 대규모 파운드화의 가치절하를 위협하였으며, 미국 재무부를 통해서 영국이 파운드화의 가치를 유지하기 위한 목적에서 국제 통화기금IMF/the International Monetary Fund의 지원을 받지 못하도록 지시하였다. 결국 다른 선택권이 사라진 영국은 파운드화의 평가절하에 의한 재정고통을 당하는 대신 수에즈 운하로부터 철수하는 방안을 선택하였다.

사이버 파워는 이와 같은 형태의 재정전쟁을 1950년대에 비해 훨씬 더 빠른 속도로 전개할 수 있다. 이는 현재의 환율전쟁currency wars 혹은 경쟁적 평가절하를 가속화시키는데, 이러한 현상은 정부가 환율의 상승과 하락에 영향을 미치기 위해서 혹은 수출입의 무역적자를 만회하기 위해서 전체적인 시장의 과정을 조작하기 위한 시도의 하나이다.

요약하면, 사이버 전쟁의 발생 여부와 무관하게, 사이버 파워는 현대 군사전략을 수립하는 과정에서 필수 불가결한 요소로 자리 잡았다. 다만 누가 공격을 시작했는가의 문제는 억제나 강압하는 사이버 파워의 능력을 제한하며, 또한 이것이 잠재적 교전자에게 '수용하기 힘들 정도의 비용unacceptable cost'을 부과하겠다고 위협할 수 있는 것도 아니다. 그럼에도 불구하고, 사이버 파워가 다양한 전략이 실행가능토록 촉발할 수 있는 '힘의 승수force multiplier'인 것은 분명하다. 일부 전문가들은 사이버 파워가 군비경쟁과 전쟁계획 작성 과정에서 점차 그 중요성이 증가할 것이라고 전망한다. 따라서 상대방에 비해 월등한 사이버 능력을 가지고 있는 측은 다른 국가에게 동맹 혹은 연합의 대상자로서 인기가 높아진 것이다.

정치학 이론과는 반대로, 공격자가 누구인지 파악하는 것이 어렵다는 특징을 갖는다는 점에서 정치적 도구로서의 사이버 파워는 무용하지 않고 오히려 유용한 수단으로 자리매김하고 있다. 강제로 적용할 수 있는 법칙이 설정될 때까지 사이버 공간에서의 익명성 anonymity은 대부분의 사람들이 심각한 사이버 전투가 끊임없이 발생할 '만인의 만인에 대한all-against-all' 사이버 세계와 직면하게 될 것을 의미한다. 당분간은 이와 같은 전투 중 많은 부분이 다수의 당사자가 반응할 수 있는 범위 내에서 발생할 것이다. 이러한 조건은 적의 보안태세와 국민의 신뢰를 약화시키기 위해서 지속적이며 끈질기게 중요한 정보를 강탈한 더 많은 군사전략에 문을 개방하는 것이다. 이와 같은 접근은 수많은 대전략에도 적용 가능하다.

참고문헌

- 네온 파네타 국방장관이 사이버 공간에 대한 발언은 Leon F. Panetta, "Defending the Nation from Cyber Attack," delivered on October 11, 2012, Business Executives for National Security, New York을 참고할 것.

제8장. 무엇이 군사전략을 성공 혹은 실패하게 만드는가?

What causes military strategies to succeed or fail?

손자는 최고의 군사 전략가를 싸우지 않고 이길 수 있는 사람으로 정의하였다. "전략에 능통한 사람은 싸우지 아니하고 적을 굴복시킨다. 적의 도시를 공격하지 않고 점령하며, 적을 타도하는데 많은 시간을 소비하지 않는다."[24] 다른 군사 전문가들은 군사전략 실행의 상당 부분이 판단 착오, 계산 실수, 잘못된 조치 등을 해결하는 것이라고 주장한다. 손자가 제시한 이상적인 군사 전략가는 현실에서는 찾기 어려운데, 아무리 수완이 뛰어난 군대 사령관이라고 하더라도 무엇을, 언제, 어디서, 어떻게 공격해야 할 것인가를 판단할 수 있는 전문성까지 겸비한 사람은 거의 없기 때문이다. 그리고 이상적인 전략을 실행하기 위해서 필요한 모든 수단을 보유한 경우도 드물다. 이처럼 현실은 이상과 큰 차이가 있는데, 군대 지휘관은 우연과 불확실성으로 가득찬 상황에서 승리를 거두기 위해

---

24) "善用兵者선용병자 屈人之兵而非戰也굴인지병이비전야. 拔人之城而非攻也발인지성이비공야, 破人之國而非久也파인지국이비구야," 「孫子兵法」「謀政」편.

서 최선을 다해야 한다. 20세기 초에 활동했던 프랑스의 장군이자 군사 이론가 앙드레 보프르Andre Beaufre는 승리에 대한 두 개의 대립하는 기대감을 '전략의 변증strategy's dialectic'이라고 설명하였다. 혼란스러운 본성을 갖는 전략의 변증으로 인해 전략이 완전히 바뀔 수도 있다. 따라서 손자가 제시하는 이상적 상황이나 결과가 발생할 가능성은 매우 낮다.

현실 세계에 수많은 제한사항이 있다는 점을 감안할 때, 군사 전략가는 어떻게 실패 가능성을 낮추고 성공 확률을 높일 수 있을까?

무엇이 군사전략을 성공하게 만드는가?
What enables military strategies to succeed?

수많은 군사 이론가들이 특정 군사전략이 성공하거나 실패하는 이유를 설명하였다. 이들의 설명을 간략하게 요약하면, 성공한 군사전략은 의도하는 목표달성을 가능케 하는 전략이다. 전쟁에서 확실한 것은 아무것도 없는데, 그렇다고 해서 전쟁에서 모든 것이 우연에 의해서 좌우되어서도 안 된다. 전쟁에서는 필요한 모든 수단을 강구하고 있다고 해서 반드시 승리할 수 있는 것은 아니지만, 이렇게 함으로써 전체적인 전황을 자신에게 유리한 방향으로 이끌어 갈 수는 있다.

어떤 전략을 성공으로 이끌기 위해서는 다음의 네 가지 요소가 중요하다. 이들의 우선순위는 중요하지 않은데, 이들 중 어떤 것은 동시에 발생하기도 한다. 첫째, 상대방의 강점과 약점을 비판적으로 평가 및 분석하고, 이를 바탕으로 자신의 힘을 조정한다. 전쟁 상황의 변화와 새롭게 입수된 정보가 반영되는 등 전체적으로 객관적 평가에 의해서 결정되어야 한다. 그러한 맥락에서 손자는 "적을 알고 나를 알면, 백번을 싸워도 위태로운 상황에 처하지 않을 수 있다. 적을 모르고 자신만 알게 되는 상황이 되면, 승리와 패배의 확률은 동일해 질 것이다. 적도 모르고 자신도 모르는 상황이면,

싸우는 모든 전투에서 위험에 처할 것이다."[25]라고 조언한 바 있다.

둘째, 적에 대한 전체적 평가는 적을 약화시킨 상태에서 자신이 원하는 바를 얻을 수 있는 행동과정을 발전시키는 기초자료로 사용해야 한다. 이와 같은 평가(병력, 전투력 등) 기록 중 가장 오래된 것은 1194년에 중세 교회 성직자이자 작가인 웨일즈의 제럴드Gerald of Wales가 작성한 자료이다. 이 자료에는 웨일스의 강점과 약점이 기술되어 있는데, 자신이 보유하고 있는 기술상의 이점에 견주어 상대방의 특징과 성격, 특별한 문화적 관행, 이에 따른 경제전쟁, 군사적 압박의 집중, 분리와 정복 등에 근간을 둔 전략적 취약점이 기록되어 있다. 훗날 잉글랜드의 국왕 에드워드 1세King Edward I는 1276~1277년 사이에 벌어진 전쟁에서 제럴드가 제시한 것과 유사한 형태의 작전을 수행하여 웨일즈 정복에 성공하였다.

셋째, 국가 지도자는 국가가 처한 상황에서 가장 필요로 하는 전략을 발전시켜 실행할 수 있는 학식과 능력을 겸비한 총사령관을 선발해야 한다. 미국의 아브라함 링컨 대통령은 여섯 명의 다른 장군을 해임시킨 후에야 비로소 율리시스 그랜트Ulysses S. Grant 장군을 발견하였다. 그랜트 장군은 지속적으로 남군을 몰아붙여서 군사적 승리를 달성하였고, 이를 통해 전쟁을 종결시키는 능력을 보여주었다. 윈스턴 처칠 영국 수상은 '사막의 여우Desert Fox'라는 별명을 가진 독일군의 에르빈 롬멜Erwin Rommel 장군을 꺾기 위해서 세

---

25) "知彼知己지피지기 百戰不殆백전불태, 不知彼而知己부지피이지기 一勝一負일승일부, 不知彼不知己부지피부지기, 每戰必殆매전필태,"『孫子兵法』「謀攻」 편.

명의 영국군 장군을 파견했으나 실패를 거듭한 뒤, 버나드 몽고메리Bernard L. Montgomery 장군을 기용함으로써 비로소 문제를 해결할 수 있었다. 역사가 중에는 전략가가 전략 그 자체보다 중요하다고 평가하는 이들도 없지 않은데, 왜냐하면 '언제when' 그리고 '어떻게how' 특정 전략을 채택 및 조정할 것인가를 판단할 수 있는 지혜가 필요하기 때문이다. 이러한 전략가의 자질은 전략을 성공으로 이끄는 데 필수요소이다. 달리 표현하면, 어떤 전략을 실행함에 있어서 능력을 갖춘 사람이 책임지고 담당하지 않을 경우에는 실패할 확률이 높다는 것을 의미한다.

따라서 적을 평가할 때 적의 전략가를 정확하게 파악하는 것은 매우 중요하다. 그리스의 역사가 폴리비우스Polybius는 "적이 채택한 원칙과 특성을 잘 알고 있는 지휘관보다 더 소중한 자산은 없다. 이와 달리 생각하는 사람은 앞을 못 보는 사람이거나 바보다"라고 기술하였다. 폴리비우스는 여러 로마군 사령관의 개인적 특징을 파악한 뒤, 이 정보를 바탕으로 로마를 꺾는데 이용하였던 카르타고의 한니발 장군을 염두에 두고 이 구절을 적었다고 전해진다.

그리스 시대의 역사가가 제시한 이 충고는 오늘날의 전쟁에도 적용할 수 있다. 카드경기에서와 마찬가지로, 적을 상대하는 과정은 마치 자신의 손을 자유롭게 움직이는 것처럼 능숙해야 한다. 고대 지휘관들은 상대방에 대한 정보를 획득하기 위해서 스파이를 보냈으며, 포로나 지역주민을 심문하였다. 오늘날에도 적의 지도자에 대한 정보를 수집하기 위해 스파이를 파견하거나 첨단화된 정보수집 장비와 전파 수단을 사용하는데, 여기에는 전자 감청, 위성 영상, 사이버 간첩 등이 포함된다.

대체로 정보는 불완전하며, 때로는 당국의 압력에 의해 왜곡되기 일쑤이다. 하지만 적의 군사 지도자가 국가 수장 혹은 부족의 족장이건 간에 적에 (혹은 아군에) 대한 자세한 정보를 확보하는 것은 중요하다. 적의 사령관에 대한 정보만 중요한 것이 아니라, 그가 지휘하는 군사력의 형태에 대한 정보도 중요하다. 구체적으로 적의 사기와 싸우려는 의지, 무기의 수량과 수준, 기본 전술과 싸우는 방식 등도 중요한 정보이다.

네 번째, 모든 요소를 포함하는 일관되고 포괄적인 전쟁계획 a war plan이 필요하다. 전쟁계획은 전략의 실질적 내용이며, 전쟁의 목적을 달성하기 위해서 정책목적과 군사력 사용을 연계하는 것이다. 이 단계에서 전략을 구성하는 모든 요소가 작용한다. 따라서 전쟁계획은 군사 목표를 설정하고, 전역 범위를 조정하며, 특정 군 지휘관에게 크고 작은 임무를 할당한다. 이때 선발된 군대 지휘관은 임무달성에 최적의 조건을 갖춘 사람이어야 한다. 또한 이 전쟁계획에는 작전실행에 지장을 초래하지 못하도록 구체적 사안 및 요소까지 자세하게 명시되어야 한다. 전쟁계획 혹은 전역계획은 1864년 12월에 윌리엄 셔먼William Sherman 장군이 '애틀랜타를 향한 행진'을 지휘하면서 보여줬던 것처럼 직접적이면서도 무자비한 특성을 가질 수도 있다. 또는 1940년에 히틀러가 프랑스를 점령하는 과정에서 채택된 에르히 폰 만슈타인Erich von Manstein 장군이 제시한 작전계획처럼 간접적이며 간단할 수도 있다.

위에서 제시한 두 가지 사례에는 본질적인 차이가 있다. 먼저 셔먼 장군이 수행한 전역의 핵심요소는 지형a terrain이며, 만슈타인 장군이 수립한 작전계획의 핵심요소는 적 병력enemy forces이었다. 셔먼 장군은 조미니가 강조한 특성을 반영하였는데, 그는 도시, 물자 집결지, 요새, 수송 요충지 등과 같은 '전구의 결정적 지점들 the decisive points of a theater of war'을 통제하거나 중립화시키려고 하였다. 반면에 적의 병력에 집중한 만슈타인 장군의 작전계획은 클라우제비츠가 강조한 내용을 반영하였다. 클라우제비츠는 전투와 교전을 연구하고, 여기에서 승리하기 위해서 필요한 것이 무엇인지를 파악하며, 이 결과를 활용하여 전쟁의 목적을 달성하는 방법에 대해서 조언했다. 그렇다고 해서 클라우제비츠와 조미니의 방식이 서로를 완전히 배제했던 것은 아니다.

지금쯤이면 군사전략이라는 것이 단지 적을 격파하기 위해서 전쟁터에 강철과 같은 재료를 지속적으로 투입하는 것을 넘어서는 차원이라는 것은 이해할 수 있을 것이다. 이 과정에는 목적, 방법, 수단, 위험을 원활하게 균형을 맞출 수 있을 뿐만 아니라, 두 개의 잠재적으로 대치되는 임무, 적의 전쟁수행 능력을 약화시키는 것과 전쟁의 목적 달성을 동시에 추구할 수 있는 재빠르고 능수능란한 조치a deft hand가 필요하다.

때때로 이러한 임무를 수행하기 위해서 정반대 방향으로 노력을 기울여야 하는 경우도 있다. 군사 전략가는 적의 전쟁수행 능력을 약화시키는데 주력하고, 정치 지도자는 전쟁의 정치적 목적을 달성하는데 집중하여 전체적으로 비용을 축소해야 한다. 군사 전략가는 적의 저항이 완전하게 파괴되었는지를 확인해야 하는데, 그렇지 않은 경우 종종 전쟁이 장기화되기 때문이다. 그러나 군사 전략가는 정책 결정자가 제시하는 다양한 요구를 수용할 수 있는 범위 내에서 자신에게 주어진 임무를 수행해야 한다. 이 경우 군사 전략가는 최대한 유연한 태도를 취해야 하는데, 때로는 전혀 기대하지 않았던 기회가 찾아오는 경우도 많다. 당장에는 매력적인 것처럼 보이겠지만, 이와 같은 기회를 이용하는 과정에서 원래 추구해 왔던 목적을 포기하는 것이 항상 현명한 것은 아니다. 전쟁사에서는 자신이 보유하고 있는 군사력의 범위를 넘어서는 목표를 달성하기 위해서 부주의하게 행동하다가 자만심이나 욕심에 이끌려서 행동했던 수많은 국가 지도자와 군대 사령관의 사례가 적지 않다. 예를 들면, 나폴레옹과 히틀러는 러시아 침공이라는 운명적 결정을 내리는데 작용한 소위 '제국의 확장imperial overstretch'이라는 유혹에 얽매이는 한계를 보였다. 다른 한편으로는 기회를 제대로 활용하지 못해서 많은 비용이 낭비되었으며, 그 결과 전쟁이 장기화되거나 급기야 패배한 사례도 많다.

무엇이 군사전략을 실패하게 만드는가?
What enables military strategies to fail?

핵심요소가 부족한 군사전략이 실패하는 것은 당연하다. 여기에서 말하는 핵심 요소란 객관적 평가, 건전한 행동절차, 전문성을 겸비한 군대 지휘관, 모든 것을 포괄하여 종합할 수 있는 훌륭한 전쟁계획 등이다. 제2차 세계대전 기간 중 독일과 일본은 유능한 군대 지휘관과 훈련이 잘된 군사력을 보유하였으나, 편협한 국가적자만심과 이데올로기에 내재된 인종적 편견 및 반감이 이들과 결합됨에 따라 객관적으로 평가하기 어려운 상황으로 전개되었다. 이과정에서 일본과 독일이 추구하는 군사전략과 전쟁계획은 그들이보유하고 있던 군사력의 능력과 범위, 점령가능하거나 혹은 도달할수 있는 최대 범위, 소련과 연합국은 심각한 인명피해를 당할 경우계속 싸우려는 싸우려는 의지가 부족할 것이라고 과소평가한 정보등에 근거하여 수립되었다.

일부 비평가는 전략이 실패하는 이유를 특정 군사전략이나 전쟁계획을 실행하는 과정에 내재된 어려움 때문이라고 주장한다. 예를 들면 의도치 않은 마찰, 기후, 잘못된 정보, 오해, 관료주의적나태함, 기만, 반역, 불운 등과 같은 요소 때문에 군사작전이 실패로 끝나기도 하며, 또 다른 방향에서는 적을 붕괴시킬 수 있는 합리적 계획이 되기도 한다. 따라서 클라우제비츠가 주장했듯이, "전쟁에서는 모든 것이 간단하다. 하지만 가장 간단한 것도 실행하기 어렵다." 그러나 이러한 요소는 양측에 모두 영향을 미치기 때문에 책임감 있는 군사 전략가는 반드시 이들을 고려해야 할 것이다. 이러한 요소는 임무완수를 힘들게 할 수 있으나, 이들을 잘못 처리한다고 해서 반드시 실패하는 것은 아니다.

대신, 승패에 영향을 미치는 것은 더 크고 중요한 요소이다. 군사 전문가들은 어떤 군사전략이 왜 실패했는가를 분석하는 과정에서 이론을 분석하거나, 혹은 다른 몇 가지 문제점을 지적한다. 그러나 특정 군사전략이 실패하는 가장 중요한 이유는 상대방이 나의 의도대로 움직이지 않기 때문인데, 심지어 적의 지속된 저항이 명백하게 자기 파괴적 성향을 가지고 있더라도 이와 같은 상황은 적용될 수 있다. 저항이 지속될 경우 기대했던 이익을 달성하는 것보다 더 많은 전쟁비용이 발생할 것이며, 내부적으로 정치 분열과 염전厭戰 분위기가 제기될 것이지만, 종국에는 적의 의지를 붕괴시킬 것이다. 따라서 군사전략을 성공적으로 실행하기 위한 중요한 변수는 적의 저항의지 정도, 즉 적의 의지가 얼마나 강한지와 그 이유가 무엇인지에 달려있다. 적의 저항의지를 깨트리거나 혹은 이것을 받아들일 것이냐는 문제는 가용자원과 행동절차, 자신이 추구하는 이익을 해치지 않는 상황에 달려 있다. 하지만 대체로 이것은 제대로 이행되지 않는다.

물물교환 과정과 유사하게, 대부분의 전략적 변증은 명확한 승패가 없이 종료되곤 한다. 이 경우 참전자는 자신이 입은 피해를 정당화한 뒤 공개적으로는 '승리했다'고 주장하는 것이 일반적이다. 억제와 같은 일부 군사전략은 명확하게 '유사 윈-윈quasi-win-win' 상황이 지속될 수 있는데, 이 경우는 적의 공격을 좌절시키는 것이 목적이다. 참수와 같은 군사전략에서는 양측이 관계를 호전시킴으로써 궁극적으로 더 나은 목적을 달성할 수도 있는데, 이 경우에는 원래 적대감을 일으켰던 원인이 무시되기도 한다. 그러나 표적살해와 같은 군사전략은 어느 한쪽이 확전할 수 있을 정도로 재화나 의지를 가지고 있지 않기 때문에 오랫동안 지속될 것이다. 이 경우에 상대방을 모두 제거하는 것보다 상대방을 통제가능한 수준의 위협으로 남겨둠으로써 다양한 수준의 정치에서 유리하게 활용할 수 있다. 이상을 종합하면, 절반의 군사전략은 반드시 실패하거나 혹은 어느 한쪽만이 이길 수 있다는 일반적 가정이 항상 옳은 것이 아니며, 반드시 사실인 것도 아니다. 전쟁이나 전략이 반드시 제로섬 게임a zero sum game이 아니기 때문이다. 수많은 군사충돌은 협상에 의한 조정으로 종결되는데, 더 큰 시각에서 평가할 때, 이러한 조정의 결과는 일시적 평화에 불과하다.

참고문헌Further Readings

Allmand, Christopher. The *'De Re Military' of Vegetius. The Reception, Transmission and Legacy of a Roman Text in the Middle Ages*. Cambridge, UK: Cambridge University Press, 2011.

Anderson, David L., and John Ernst, eds. *The War That Never Ends: New Perspective on the Vietnam War*. Lexington: University Press of Kentucky, 2014.

Anderson, Jon Lee. *Che Guevara: A Revolutionary Life*. Rev. ed. New York: Grove, 1997.

Aron, Raymond. "Bombing Germany: General Trenchard's Report of Operations of British Airmen against German Cities." *New York Times Current History*, April 1919, 151–56.

Armstrong, Hamilton Fish. "The Downfall of France." *Foreign Affairs* 19, no. 1 (October 1940): 55–144;http://www.foreignaffairs.com/articles/70021/hamilton–fish–armstrong/the–downfall–of–france.

Beaufre, Andre. *An Introduction of Strategy*. Paris: Colin, 1963.

Beevor, Anthony. *The Second World War*. New York: Little, Brown, 2013.

Betts, Richard K. "Is Strategy an Illusion?" *International Security* 25, no. 2 (Fall 2000): 5–50.

Biddle, Stephen. *Military Power: Explaining Victory and Defeat in Modern Battle*. Princeton, NJ: Princeton University Press, 2004.

Bond, Brain. *Liddell Hart: A Study of His Military Thought*. New Brunswick, NJ: Rutgers University Press, 1977.

Brodie, Bernard. *The Absolute Weapons*. New York: Harcourt, Brace, 1946.

Bullock, Alan. *Hitler: A Study in Tyranny*. Rev. ed. New York: Harper, 1964.

Bungay, Stephen. *The Most Dangerous Enemy: A History of the Battle of Britain*. London: Aurum, 2001.

Carr, Jeffrey. *Inside Cyber Warfare*. 2d ed. Sebastopol, CA: O'reilly Media, 2012.

Casey, Steven. *When Soldiers Fall: How Americans Have Confronted Combat Losses from World War I to Afghanistan*. Oxford: Oxford University Press, 2013.

Chandler, David G. *The Campaigns of Napoleon*. New York: Macmillan, 1966.

Clapper, James R. "Statement for the Record: Worldwide Threat Assessment." January 29. 2014 ; http://www.dni.gov/index.php/newsroom/testimonies/203–congressional–testimonies–2014/1005–statement–for–the–record–worldwide–threat–assessment–of–the–us–intelligence–community.

Clarke, Richard A. *Cyber War: The Next Threat to National Security and What to Do about It.* New York: Ecco Press, 2010.

Clausewitz, Carl von. *On War.* Translated and edited by Michael Howard and Peter Paret. Princeton, NJ: Princeton University Press, 1986.

Corum, James S. *The Roots of Blitzkrieg: Hans von Seeckt and German Military Reform.* Lawrence: University Press of Kansas, 1992.

Craig, Gordon A., and Alexander L. George. *Force and Statecraft: Diplomatic Problems in Our Time.* 2d ed. Oxford: Oxford University Press, 1990.

Cronin, Audrey Kurth, *How Terrorism Ends: Understanding the Decline and Demise of Terrorist Campaigns.* Princeton, NJ: Princeton University Press, 2009.

Danchev, Alex. *Alchemist of War: The Life of Basil Liddell Hart.* London: Nicholson, 1998.

Davis, Lance E., and Stanley L. Engerman. *Naval Blockades in Peace and War: An Economic History Since 1750.* Cambridge, UK: Cambridge University Press, 2006.

Detter, Ingrid. *The Law of War.* 3rd ed. Burlington, VT: Ashgate, 2013.

Duffy, Christopher. *Austerlitz 1805.* London: Seeley, 1977.

Duiker, William J. *Ho Chi Minh: A Life.* New York: Hyperion, 2000.

Dupuy, Trevor N. *Numbers, Predictions, and War: Using History to Evaluate Combat Factors and Predict the Outcome of Battles.* Indianapolis: Bobbs–Merrill, 1979.

Ellis, John. Brute Force: *Allied Strategy and Tactics in the Second World War.* New York: Viking, 1990.

Everett, Anthony. *The Rise of Rome: The Making of the World's Greatest Empire.* New York: Random House, 2014.

Finkelstein, Claire, Jens David Ohlin, and Andrew Altman, eds. *Targeted Killings: Law and Morality in an Asymmetrical World.* Oxford: Oxford University Press, 2012.

Freedman, Lawrence, *Deterrence.* Cambridge, UK: Polity, 2004.

Freedman, Lawrence, ed. *Strategic Coercion.* Oxford: Oxford University Press, 1998.

Freedman, Lawrence. *Strategy: A History.* Oxford: Oxford University Press, 2013.

Freedman, Lawrence. *The Evolution of Nuclear Strategy*. 3rd ed. New York: Palgrave, 2003.

Frieser, Karl-Heinz. *The Blitzkrieg Legend*. Annapolis, MD: Naval Institute Press, 2005.

Gaddis, John Lewis. *Strategies of Containment: A Critical Appraisal of American National Security Policy during the Cold War*. Rev. ed. Oxford: Oxford University Press, 2005.

Galula, David. *Counterinsurgency Warfare: Theory and Practice, 1964*. Reprint. Westport, CT: Praeger, 2006.

George, Alexander L. *Forceful Persuasion: Coercive Diplomacy as an Alternative to War*. Washington, DC: U.S. Institute of Peace, 1997.

Goldsworthy, Adrian. *The Fall of Carthage: The Punic Wars, 265–146 BC*. London: Cassell, 2000.

Graham, Dominic. *Tug of War: The Battle of Italy, 1943–45*. New York: St. Martin's, 1986.

Gray, Colin. *The Strategy Bridge: Theory for Practice*. Oxford: Oxford University Press, 2010.

Guevara, Che. *Guerrilla Warfare*. 3rd ed. Edited by Brian Loveman and Thomas M. Davis Jr. Wilmington, DE: Scholarly Resources, 1997.

Gunaratna, Rohan ed. *The Changing Face of Terrorism*. Singapore: Eastern University Press, 2004.

Hammond, Grant. *The Mind of War: John Boyd and American Security*. Washington, DC: Smithsonian Institution Press, 2001.

Hensel, Howard M., ed. *The Prism of Just War: Asian and Western Perspectives on the Legitimate Use of Military Force*. London: Routledge, 2016.

Heuser, Beatrice. *The Evolution of Strategy: Thinking War from Antiquity to the Present*. Cambridge, UK: Cambridge University Press, 2010.

Himes, Kenneth R. *Drones and the Ethics of Targeted Killings*. New York: Rowman & Littlefield, 2015.

Hippler, Thomas. *Bombing the People: Giulio Douhet and the Foundations of Air Power Strategy, 1884–1939*. Cambridge, UK: Cambridge University Press, 2013.

Howard, Michael. "The Forgotten Dimensions of Strategy." In *The Causes of Wars and Other Essays*, 101–115. London: Unwin, 1983.

Huth, Paul K. *Extended Deterrence and the Prevention of War*. New Haven, CT: Yale University Press, 1991.

Jomini, Baron de. *The Art of War*. Translated by G. H. Mendell and W. P. Craighill. 1862. Westport, CT: Greenwood, 1971.

Jones, Archer. *Elements of Military Strategy: An Historical Approach*. Westport, CT: Greenwood, 1996.

Kahn, Herman. *On Escalation*. New York: Praeger, 1965.

Kahn, Herman. *On Thermonuclear War*. Princeton, NJ: Princeton University Press, 1960.

Kennedy, Paul ed. *Grand Strategies in War and Peace*. New Haven, CT: Yale University Press, 1991.

Kissinger, Henry. *Diplomacy*. New York: Simon & Shuster, 1994.

Kissinger, Henry. "The Viet Nam Negotiations." *Foreign Affairs* 47, no. 2 (January 1969): 211–34.

Knuckey, Sarah. *Drones and Targeted Killings: Ethics, Law, and Politics*. New York: IDEA Publications, 2014.

Kraft, Michael, and Edward Marks. *US Government Counterterrorism: A Guide to Who Does What*. Boca Raton, FL: CRC Press, 2012.

Kurzweil, Ray. Kurzweil's Law (aka "the law of accelerating returns"). http://www.kurzweilai.net/kurzweils–law–aka–the–law–of–accelerating–returns.

Lebo, Richard Ned, and Janice Gross Stein. *We All Lost the Cold War*. Princeton, NJ: Princeton University Press, 1994.

Libicki, Martin. *Crisis and Escalation in Cyberspace*. Santa Monica, CA: RAND, 2012.

Liddell Hart, Basil H. *Strategy*. New York: Praeger, 1974.

Liddell Hart, Basil H. *The Strategy of the Indirect Approach: Decisive Wars of History*. London: Faber and Faber, 1941.

Luttwak, Edward. *Strategy*. Cambridge, MA: Harvard University Press, 1987.

Lykke, Arthur F. Jr. "Toward and Understanding of Military Strategy." *In Military Strategy: Theory and Application*. Carlisle, PA: U.S. Army War College, 1989, 179–85.

Machiavelli, Niccolo. *The Prince*. Translated and edited by David Wooton. Indianapolis: Hackett, 1995.

Mearsheimer, John J. *Liddell Hart and the Weight of History*. Ithaca, NY: Cornell University Press, 1988.

Melzer, Nils. *Targeted Killing in International Law*. Oxford: Oxford University Press, 2008.

Mitchell, William. *Winged Defense: The Development and Possibilities of Modern*

Airpower—Economic and Military. New York: Putnam's, 1925.

Murray, Williamson, and Allan Millett. *A War to be Won: Fighting the Second World War*. Cambridge, MA: Harvard University Press, 2000.

Murray, Williamson, and Richard Hart Sinnreich, eds. *Successful Strategies: Triumphing in War and Peace from Antiquity to the Present*. Cambridge, UK: Cambridge University Press, 2014.

O'Brien, Phillips Payson. *How the War Was Won: Air—Sea Power and Allied Victory in World War II*. Cambridge, UK: Cambridge University Press, 2014.

Olsen, John Andreas. *John Warden and the Renaissance of American Air Power*. Washington, DC: Potomac, 2007.

Osgood, Robert E. *Limited War Revisited*. Boulder, CO: Westview, 1979.

Osgood, Robert E. *Limited War: The Challenge to American Strategy*. Chicago: University of Chicago Press, 1957.

Osinga, Frans. *Science, Strategy, and War: The Strategic Theory of John Boyd*. London: Routledge, 2006.

Overy, Richard. *The Battle of Britain: The Myth and Reality*. New York: W. W. Norton, 2002.

Panetta, Leon E. "Defending the Nation from Cyber Attack," October 11, 2012, Business Executives for National Security, New York.

Pape, Robert A. *Bombing to Win: Airpower and Coercion in War*. Ithaca, NY: Cornell University Press, 1996.

Payne, Keith B. *Deterrence in the Second Nuclear Age*. Lexington: University Press of Kentucky, 1996.

Payne, Keith B. *The Great American Gamble: Deterrence Theory and Practice from the Cold War to the Twenty—First Century*. Fairfax, VA: National Institute, 2008.

Porch, Douglas. *Counterinsurgency: Exposing the Myths of the New Way of War*. Cambridge, UK: Cambridge University Press, 2013.

Powers, Shawn M., and Michael Jablonski. *The Real Cyber War: The Political Economy of Internet Freedom*. Urbana: University of Illinois Press, 2015.

Reilly, Henry J. "Blitzkrieg." *Foreign Affairs* 18, no. 2 (January 1940): 254–5.

Richards, James. *Currency Wars: The Making of the Next Global Crisis*. New York: Penguin, 2011.

Rid, Thomas. *Cyber War Will Not Take Place*. Oxford: Oxford University Press, 2013.

Roosevelt, Franklin D. "State of the Union Address," January 7, 1943. In *The American Presidency Project*. By Gerhard Peters and John T. Woolley. http://www.presidency.ucsb.edu/ws/?pid=16386.

Schelling, Thomas C. *Arms and Influence*. New Haven, CT: Yale University Press, 1966.

Schelling, Thomas C. *The Strategy of Conflict*. Cambridge, MA: Harvard University Press, 1960.

Shakarian, Paulo, Jana Shakarian, and Andrew Ruef. *Introduction to Cyberwarfare: A Multidisciplinary Approach*. Waltham, MA: Syngress, 2013.

Short, Philip. *Mao: A Life*. New York: Henry Holt, 1999.

Slessor, John. *Airpower and Armies*. London: University of Oxford Press, 1936.

Stoler, Mark. *Allies and Adversaries: The Joint Chiefs of Staff, the Grand Alliance, and US Strategy in World War II*. Charlotte: University of North Carolina Press, 2000.

Strachan, Hew. *The Direction of War: Contemporary Strategy in Historical Perspective*. Cambridge, UK: Cambridge University Press, 2013.

Summers, Harry G. Jr. *On Strategy: A Critical Analysis of the Vietnam War*. Novato, CA: Presidio, 1995.

Sun–tzu, *The Art of War*. Trans. Samuel B. Griffith. New York: Oxford University Press, 1994.

Tse–tung, Mao. *Selected Military Writings*. Peking: Foreign Language Press, 1963.

Tse–tung, Mao. *Selected Works of Mao Tse–Tung*. London: International Publishers, 1954.

United Nations. *The UN General Assembly, Report of the Special Rapporteur on Extrajudicial, Summary or Arbitrary Executions*, May 28, 2010. New York: United Nations.

United States Strategic Bombing Survey, *Summary Report, European War*. Washington, DC: U.S. Government Printing Office, 1945.

United States Strategic Bombing Survey, *Summary Report, Pacific War*. Washington, DC: U.S. Government Printing Office, 1946.

Valeriano, Brandon, and Ryan C. Maness. *Cyber War versus Cyber Realities: Cyber Conflict in the International System*. New York: Oxford University Press, 2015.

Walzer, Michael. *Just and Unjust Wars: A Moral Argument with Historical Illustrations*. 5th ed. New York: Basic Books, 2015.

Warden, John A. III. *Air Campaign: Planning for Combat*. Washington, DC: National

Defense University, 1989.

Wells, H. G. *The War in the Air*. New York: Macmillian, 1908.

Willmott, H. P. *Empires in the Balance: Japanese and Allied Pacific Strategies to April 1942*. Annapolis, MD: Naval Institute Press, 1982.

Wilner, Alex S. *Deterring Rational Fanatics*. Philadelphia: University of Pennsylvania Press, 2015.

Wohlstetter, Albert. *The Delicate Balance of Terror*, P–1472, RAND Corp., December 1958; http://www.rand.org/about/history/wohlstetter/P1472/P1472.html. Santa Monica, CA: Rand.

Young, Oran. *The Politics of Force: Bargaining during International Crises*. Princeton, NJ: Princeton University Press, 1968.

Zarate, Juan C. *Treasury's War: The Unleashing of a New Era of Financial Warfare*. New York: Public Affairs, 2013.

부록

"회색지대 전쟁의 이해"

Antulio J. Echevarria II, "Operating in the Gray Zone : An Alternative Paradigm for US Military Strategy," Advancing Strategic Thought Series, Strategic Studies Institute & the US Army War College, (April, 2016).

* 이 글은 저자가 2016년에 쓴 논문이며, 저자의 승인을 받아 부록으로 첨부함.

오늘날의 전략가들은 '흥미로운 시대interesting times'라는 출처가 명확치 않은 구절이 의미하는 바로 그 시대를 살아가고 있다는 점에서 축복받은 사람들이다. 우크라이나, 시리아, 이라크, 남중국해 등지에서 발생하고 있는 최근의 사건들은 한편으로는 놀라우면서도, 다른 한편으로는 '흥미롭게interesting' 전개되고 있다. 오늘날 군사력이 사용되는 다양한 방식도 이와 유사하다. 현대의 안보 전문가, 군사 정책가들은 정규전 혹은 과거 전쟁의 양상과 구분되는 최근의 군사력 운용방식을 설명하는 다양한 명칭에 혼란스러워한다. '하이브리드 전쟁hybrid war,' '회색지대 전쟁gray zone wars,' '무제한 전unrestricted warfare,' '새로운 세대의 전쟁new generation of war' 등이 바로 그들이다. 이와 같은 새로운 용어와 개념은 급격하게 변화하는 국가안보 사안에 대한 정책결정자의 관심을 이끌어내기 위해서 생겨난 것들이다. 하지만 이들은 중요한 학술적 결과에 의한 심각한 고민의 산물이 아니라, 대부분 습관적으로 반복되는 복제의 산물이다. 이러한 습관이 정책 결정자의 사고를 가로막아 건전한 대응전략의 발전을 저해하면서 수많은 혼란이 초래되었다. 그 결과 안보 전문가에게는 여태까지 자신들이 '새로운 형태의 전쟁'이라고 잘못 파악해 온 것들을 포괄할 수 있는 혁명적 개념이 필요한 시점이 되었다. 이렇게 등장한 새로운 개념들은 과거로부터 지속된 강압전략이 새로운 기술의 진보에 의해 강화된 것에 불과하며, 서양 국가의 안보 틀에서 발견되는 약점을 극대화시켰다.

예를 들면, 하이브리드 전쟁hybrid war이라는 용어는 공군력과 특수부대만 투입해서는 제압하기 힘든 위협이 존재한다는 것을 알리려고 만든 개념인데, 최근에 이 용어는 이것을 만들어낸 학자의 의도와 완전히 다른 분야와 맥락에서 사용되고 있다. 1990년대 후반에는 특정 군사력의 결합을 지칭하기 위해서 '새로운new' 전투수행 방식이라는 용어를 사용했으나, 이 용어가 규정하는 범위는 매우 한정되었다. 따라서 하이브리드hybrid라는 용어는 처음에는 전쟁에 대한 불균형적 접근에 대한 대응의 하나로 인식되는데, 이것은 이 용어의 장점을 잘 살린 것이었다. 하지만 오늘날 이 용어는 하나 이상의 전쟁 '양상mode'이나 국력 요소의 사용을 나타내는 개념으로 사용되며, 이렇게 하는 것을 특별한 것으로 이해하는 경향이 있다. 이 용어의 인기는 1940년대에 사용되었던 '전격전blitzkrieg'이라는 용어의 사례에 비교할 만 한데, 사실 이 용어는 독일 육군의 군사교리에서 공식적으로 사용된 적이 없었다. 실제로 이 용어는 독일군이 아니라 당시의 언론, 정치가, 군사 전문가들이 만들어낸 새로운 용어였다. 1940년 봄에 프랑스의 폴 레이노Paul Reynaud 수상이 의회에 출석하여 했던 연설에서는 최근에 하이브리드 전쟁에 대하여 주장하는 것과 유사한 점을 발견할 수 있다.

"우리가 가지고 있던 전쟁에 대한 오래된 생각은 이제 새로운 개념에 의해 도전을 받고 있습니다. … 현재 우리가 직면한 것 중에서 가장 중요한 것은 '명확한 생각clear thinking'입니다. 우리는 현재 직면하고 있는 새로운 형태의 전쟁에 대해서 '생각'해야 하며, 즉각 결정을 내려야 합니다."

하지만 레이노 수상의 경고는 프랑스가 반응하기에는 너무나 느렸을 뿐만 아니라, 그 순간에 발생한 공포가 더욱 혼란을 가중시켰다. 명확한 생각이 필요한 것은 사실이었지만, 프랑스가 전쟁에서 패배한 이유는 새로운 개념이나 명확한 생각이 부족해서가 아니었다. 그보다는 병력과 물자 면에서 전혀 예상치 못한 지점과 가장 준비가 부족했던 부대를 독일군이 강력하게 타격했기 때문이며, 근본적으로는 프랑스의 전쟁계획이 이에 대하여 전혀 대비하지 못했기 때문이었다.

1940년대의 전격전이 가져온 새로움과 유사하게, 소위 2014~15년의 하이브리드 전쟁이 주는 새로움은 "허상을 넘어서는 현실 schein als sein/reality more than illusion" 그 이상이다. 1940년에 승리를 거둔 독일군과 2014~15년에 승리한 러시아군은 전쟁의 새로운 개념을 만드는데 신경을 쓰지 않았으며, 대신 이들은 자신들이 대적해야 할 적에 대한 정확한 평가에 초점을 맞추었다. 이후에 이들은 적의 강점을 회피하고 약점을 이용할 수 있는 작전계획을 발전시켰다. 이 두 가지 상황에서 군사작전의 성공 여부는 작전적 수준의 기습달성에 의해 좌우되었는데, 이들은 방자의 방어준비 부족과 밀접하게 연관되었다. 전장의 규칙처럼, 준비가 부족했던 이들은 예외 없이 적의 기습공격에 약점을 노출했다. 그런데 1940년의 공격자와 2014년의 공격자는 정보작전을 통해 자신들의 군사작전이 '새로운 형태의 전쟁양상'인 것처럼 주장하였다.

안보 전문가들은 현재의 논의단계에서 자신들이 선택한 용어와 개념의 사용을 더욱 절제하거나 혹은 전쟁의 형태를 논의하는 과정에서 보다 정확한 태도를 취해야 할 것이다. 이러한 자세와 태도는 학자들에게는 매력적으로 보일 수 있으나, 종국에는 산 정상을 향해 끊임없이 바위를 굴려 올려야 하는 시시포스Sisyphus와 동일한 운명에 처하게 되거나 혹은 무익한 결과만 가져올 것이라고 비난하는 꼴이 되고 말 것이다. 하이브리드 전쟁 혹은 회색지대 전쟁이 결코 새로운 것이 아니라는 주장에 실망할 필요는 없는데, 왜냐하면 이 말이 사실이기 때문이다. 이러한 용어와 개념이 오늘날의 독자에게 어떤 의미를 전달하든지 간에, 러시아의 침략과 중국의 강압전략은 미국 군사전략의 근간이 되는 전역계획 수립의 개념적 틀을 약화시키는데 초점을 맞추고 있다. 이러한 약점과 단점은 개념상의 준비부족 문제를 부각시키는데, 이에 대한 대책마련이 시급하다.

따라서 이 글에서는 군사전략을 구현하기 위한 과정 중 현행 미국 군대의 작전계획 수립 패러다임을 검토할 것이다. 이를 통해서 러시아와 중국이 발전시켜온 다양한 형태의 적대적 활동에 대응하기 위한 전략적 수단을 발전시키고 조율하는 전쟁계획 입안자들에게 설명의 틀을 제공하고자 한다. 미국의 군사사상이 NATO 회원국과 유럽연합European Union에 참가한 많은 비 NATO 동맹국의 군사사상 형성에 영향을 미치고 있다는 점을 고려할 때, 이 글에서 제시하는 접근법은 크게는 서양국가의 모든 전쟁계획에 적용하는 것이라고 말할 수 있다.

하이브리드 전쟁 對 정규전Hybrid vs. Conventional War

전쟁과 전략을 다루는 문헌은 방대하지만, 분석적 시작에서 '비정규전irregular warfare'과 '정규전conventional warfare'을 [혹은 '새로운 전쟁new warfare'과 '전통적 전쟁traditional warfare'을] 비교한 연구는 극히 드물다. 기존의 연구는 대부분 정규전에 대한 간단하고 제한된 견해를 바탕으로 신화화된 비정규전을 이해하고 비교하려 하였다. 2010년에 미국 정부 회계감사원US Government Accounting Office, GAO이 출간한 특별 보고서는 이러한 경향의 전형적 사례이다. 널리 통용되는 이 책자는 하이브리드 전쟁의 특징을 묘사하기 위해서 중요한 도표 하나를 제시하였다. 이 도표에는 비정규전Irregular과 정규전Conventional을 의미하는 두 개의 원이 겹쳐져 있는데, 여기에서 하이브리드Hybrid의 영역은 두 원의 중간에 자리 잡고 있다.

　이 도표는 미국의 각 군이 전쟁을 어떻게 구분하고 있는지를 잘 보여주고 있다. 전문용어로 말하자면, 미국의 각 군은 독특한 유형과 형태의 전쟁에 대한 '관할권jurisdiction'을 통해 각 군의 전문성과 고유영역을 유지하고 있다. 예를 들면, 특수부대는 비정규전을 전담해 왔고, 정규부대는 정규전 수행에 집중했다. 그런데 두 개념 중 어디에서나 발생할 수 있는 소위 하이브리드 공간hybrid space에 대한 책임지대를 할당하는 과정이 문제였다. 이에 대한 해답은 관료들이 전쟁의 영역에 담당구역을 정하여 할당하는 관료적 방법에 있는 것이 아니라, 교묘하게 겹쳐지는 전쟁의 영역에 책임을 부과할 대상을 찾아내어 그들로 하여금 이를 담당하도록 만드는 것이다.

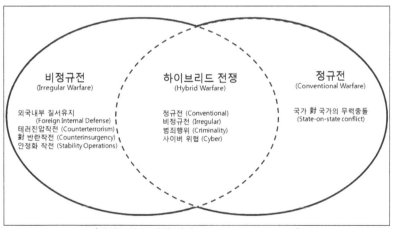

〈하이브리드 전쟁 개념The Hybrid Warfare Concept〉

과도한 책임을 가지고 있는 그 자체가 비효율적이며 마찰을 야기한다. 하지만 이렇게 함으로써 각 군 사이의 매듭을 '얽어 메는 sewing up' 과정에 기여하며, 전시의 전략적 소비와 소모의 실체에 대비한 탄력을 형성한다. 전체적으로 보면 미국 군대는 현재의 통합 지휘구조를 통해 전쟁수행에 대한 기능적, 지리적 책임을 공유하고 있다. 또한 필요한 경우에는 사이버 사령부the Cyber Command 와 아프리카 사령부the Africa Command와 같은 통합 사령부가 설치되어, 각 군의 책임분야에서 발견된 간극을 메우기 위한 보강작업을 실시하고 있다. 이러한 시도가 성공하기 위해서는 이 조직들이 적절한지를 확인하기 위한 조직의 권위와 책임에 대한 철저하고 지속적인 평가가 이뤄져야 한다. 이러한 요구사항은 조직이 직면한 위기가 아니라 도전이라고 해야 할 것이다.

The GAO가 출간한 보고서에 포함된 도식은 정규전과 비정규전 사이의 구분을 현실과 구분되는 어떤 것 사이의 구분처럼 잘못 표시하였다. 실제로 각 군의 이익과 입장이 이들의 견해를 대별하는 중요한 요소인데, 이들의 견해는 전쟁에 대한 연구보다는 예산압박에 의해 결정되었다. [학자들이 민족국가the nation-state 모델이 출현하는 분수령이 되는 계기라고 제시하는] 30년 전쟁the Thirty Years of War, 1618~1648이 시작된 이후의 무력분쟁을 역사적으로 분석하면 the GAO의 도식에 '국가 對 국가 간 분쟁state-on-state conflict'라고 표시된 정규전은 본래 인위적 분류이다. 근대 초기로부터 현대에 이르기까지 진행된 소위 '국가 對 국가 분쟁' 중에서 정규전의 범주에 정확하게 들어맞는 사례는 거의 찾기 어렵다. 대신 대부분의 분쟁에는 상당할 정도로 비정규전과 정규전의 요소가 함께 발견되는데, 이러한 양상은 미국이 18세기 이후 오늘에 이르기까지 수행한 수많은 전쟁에서 잘 드러난다. 결론적으로 1600년대 초기부터 오늘날에 이르기까지 발생한 거의 모든 전쟁은 성격상 하이브리드 경향을 가지고 있으며, 따라서 하이브리드라는 개념이 완전히 새로운 것은 아닌 셈이다.

예를 들면, 제2차 세계대전은 정규전의 전형이라고 할 수 있는데, 이 전쟁에서는 민족국가들이 대규모 해군, 공군, 지상군을 동원하여 충돌하였다. 하지만 이 전쟁에서 비정규전 부대의 선전전, 전복활동, 방해작전 등이 중요한 역할을 했던 것도 무시할 수 없다. 다만 이러한 군사작전의 역할에 대한 평가가 제한적일 뿐이다. 특히 추축국은 덴마크, 노르웨이, 프랑스 등을 침략하기 이전에 해당 국가의 정치 분화를 조장하고 혼란을 가중시키기 위해 선전전과 전복활동을 실시하였다. 이러한 사례에서 알 수 있듯이, 어느 한 국가에서 발견되는 선동요소는 대부분 과장되며, 반대로 심리적 분란전술에 의한 성공 정도는 과소평가된다. 연합국을 지지했던 프랑스, 그리스, 노르웨이, 폴란드, 유고슬라비아의 저항세력과 소련의 빨치산, 중국의 공산주의 게릴라는 결정적 순간에 추축국의 전쟁계획을 무산시키기 위해서 노력하였다. 분쟁 단계에 따라 참전한 병력규모를 모두 추산하면 수십만 명으로부터 수백만 명에 달할 것이다. 유고슬라비아의 조십 티토Josip Tito, 중국의 마오쩌둥

등 지도자들은 전쟁 발발 이전, 중간, 이후에 폭력적 방법으로 유럽과 아시아 대륙의 정치적 풍토를 결정짓는 이데올로기 전쟁에서 중요한 역할을 수행하였다. 하지만 제2차 세계대전 중에 실시된 비정규전 양상에 대한 관심은 정규전 양상에 집중되었던 관심에 비하면 미미하다. 그러나 비정규전 요소를 무시하는 것은 이 전쟁에 대한 오해를 불러올 수 있을 뿐만 아니라, 이것과 비교되는 다른 요소에 대한 정확한 이해도 어려워진다.

국방 및 안보분야에서 역사에 대한 인식부족을 흔히 발견할 수 있는데, 정책 결정자들이 늘 현안現案에 관심을 집중하기 때문이다. 하지만 불행하게도 이러한 관심집중은 현재 상황을 확대하여 인식하는 경향이 있으며, 이 과정에서 과거와 무관하거나 역사 해석에서 초월한 것처럼 행동한다. 이러한 행동은 역사에 대한 무지無知에서 나온 것인데, 이것은 다시 전체적으로 서양의 개념에 대한 이해와 준비부족과 연결된다. 여기에서 분석하는 사례는 러시아의 발레리 제라시모프Valery Gerasimov 장군이 제시한 현대 무력분쟁의 특징이다. 그가 밝혀낸 특징은 현행 러시아 전쟁모델의 변화를 일부러 과장한 것인데, 이와 같은 문제가 발견되는 이유는 역사적 시각에 대한 이해가 부족했기 때문이다.

〈전통적 군사 방법론〉	〈새로운 군사 방법론〉
1. 전략적 배치 이후 군사행동 시작 (선전포고 실시)	1. 군사행동은 평시에 병력 중 일부가 시작한다. (어떤 경우에도 선전포고는 하지 않는다)
2. 대부분 지상군으로 구성된 대규모 부대 사이의 정면충돌	2. 고도의 기동성을 갖춘 결합된 전투집단 사이의 비접촉 충돌
3. 영토를 장악하기 위해서 적 병력과 화력을 제압하고, 지역과 국경 통제	3. 군대와 민간의 전략적 기반시설에 대하여 단기간에 걸친 정밀타격을 통해 적의 군사력과 경제력 섬멸
4. 경제력 파괴와 영토 합병	4. (레이저, 단파 방서선 등 직접 에너지 무기 등)새로운 물리 원리를 이용한 무기와 로봇, 특수작전과 초정밀 무기의 대량 사용
5. 지상, 공중, 해상에서 전투와 군사작전 실시	5. (민간인 4명에 군인 1명 비율) 무장 민간인의 활약
6. 엄격한 위계질서와 통제를 통한 병력 관리	6. 적 영토 전역에서 모든 부대 및 시설에 대한 동시 타격
	7. 지상, 공중, 해상, 정보영역에서 동시다발적으로 전개되는 전투
	8. 비대칭적, 간접적 방법의 적용
	9. 통합된 정보영역에서 병력 관리

〈제라시모프 대장이 제시한 무력분쟁 특징의 변화〉

이 도표에는 전쟁에 대한 '전통적 접근'과 '새로운 접근'이라고 알려진 여러 가지 잘못된 차이distinction가 포함되어 있다. 예를 들면, 〈전통적 군사 방법론〉과 〈새로운 군사 방법론〉에 포함된 1번과 2번 항목은 명백한 오류이다. 이 글은 제2차 세계대전을 '전통적 전쟁'의 전형으로 파악하는데, 1939년 9월 1일에 독일군 사단이 폴란드를 침공하기 이전까지는 어떠한 형태의 선전포고宣戰布告도 이뤄지지 않았다. 일본도 1941년 12월 7일에 미국의 진주만을 공격하기 이전에는 전쟁을 포고하지 않았다. 공자가 공격을 개시하기 이전에 전쟁을 선포하는 경우는 매우 드문데, 그 이유는 이렇게 함으로써 공자가 가지고 있는 기습 등의 이점을 포기해야 하기 때문이다. 여기에서 벗어난 유일한 사례는 1945년 8월에 일본에 대한 소련의 선전포고였다. 미국이 지금까지 군사력을 사용한 사례는 약 200여회에 달하는데, 이중에서 적에게 사전에 전쟁을 선포한 경우는 (5개의 전쟁에서) 총 11차례에 불과했다. 게다가 미국 군대가 참가한 무력분쟁에서 "(전쟁이) 대규모 (지상) 병력의 정면 대결"로 시작된 경우는 극히 드물었다. 대부분의 전쟁은 소규모 부대의 충돌로 시작되었으며, 또한 20세기에 미국이 개입한 사례는 대부분 해군과 공군력에 의한 교전에서 촉발되었다.

3번 항목과 5번 항목은 군사력 사용을 통해서 달성하고자 하는 정치 목적과 병력이 운용되는 상황에 따라서 옳거나 그른 것으로 판단할 수 있다. 6번 항목은 정규전 부대에 대해서만 옳은데, 일반적으로 특수부대와 비정규전 부대는 느슨한 지휘구조를 통해서 작동한다.

〈새로운 군사 방법론〉에서 3번부터 9번까지 항목은 새롭다고 할 수 있는데, 이들은 새로운 통신 및 목표선정 기술의 등장으로 인해서 가능해진 요소들이다. 이러한 항목이 전쟁에 대한 새로운 개념적 접근을 제시하는 것이 아니라, 새로운 소셜 미디어 도구가 효과적으로 이행할 수 있는 시대적time-honored 성격을 갖는다는 점에 주목해야 한다. 항공이론은 이에 적합한 사례인데, 특히 20세기 후반에 제기되어 실행된 (그리고 성공을 거둔) 존 와든John Warden 이론이 여기에 해당한다. 기술적 편견에서 벗어난 유일한 예외는 5번 항목이다. 1970년대 이후 군대 업무에 민간인 기용이 증가한 것은 명확한데, 이는 민간 군사기업Private Military Company의 성장과 연관된다. 이것은 새로운 현상이 아니며 많은 학자들이 웨스트팔리아 체제 이전의 전쟁the pre-Westphalian model of conflict라고 불렀던, 즉 민간인이 전투를 포함한 정규군의 활동 중 상당부분을 담당하던 과거의 경향으로 복귀라고 볼 수도 있다. 반면에 국가가 군대를 강력하게 통제하던 웨스트팔리아 체제 이후의 분쟁the post-Westphalian model of conflict은 유럽 외부에서는 상당기간 동안 문제가 되기도 했다. 요약하면, 〈전통적 군사 방법론〉과 〈새로운 군사 방법론〉을 비교하는 과정에서 두 가지 방법론 사이의 차이를 과장하여 전자를 잘못 해석하는 경우가 자주 발생하며, 이 과정에서 문제의 핵심인 어느 한 쪽의 준비부족을 간과하기도 한다.

따라서 제라시모프 독트린Gerasimov Doctrine이 제시하는 것은 고전적 강압압박과 새로운 기술수단의 혼합 적용인 셈이다. 현대 통신장치와 표적선정 장비를 이용하면 정보전 활용이 용이하고 효율성도 향상된다. 또한 이러한 장비는 "통합된 정보영역에서 부대관리"도 촉진시킨다. 하지만 소위 '비대칭적, 간접적 방법'의 적용에 대해서는 특별히 새로운 것은 없다. 이 논리에 따르면, 제2차 세계대전 기간 중 독일이 대서양에서 연합국의 선박운영을 차단하기 위해서 U-boat를 기용한 것을 비대칭전을 수행한 것으로 해석할 수도 있다. 그러나 이것 역시 큰 범주에서 볼 때 다차원적으로 진행되는 정규전의 맥락에서 발생했다고 봐야 할 것이다. 독일이 U-boat를 운영하기로 한 결정은 당시의 상황에 따른 대응이라고 해석할 수 있다. 대서양에서 연합군 상선을 공격하는 것만이 히틀러가 영국의 사기를 꺾을 수 있는 유일한 수단은 아니었다. 그는 오늘날의 많은 전문가들이 비대칭적이라고 분류하는 전략폭격terror bombing도 시도하였다. 제2차 세계대전은 현대의 전쟁에서 발견되는 '전영역 전쟁full spectrum war'이라고 할 수 있는데, 그러한 맥락에서 제2차 세계대전의 성격을 '비대칭asymmetric'이나 '간접indirect'이라고 해석하는 것은 적절치 않다. 대부분의 전쟁에는 본질적으로 비대칭적 요소가 내재되어 있는데, 만약 공격과 방어의 불균형 관계를 제외한 다른 요소가 아니라면 더욱 그러하다. 이와 같은 용어가 끈질기게 사용되고 있는 것은 아쉬운 현실이다.

회색지대 전쟁Gray Zone Wars

현대 전략가들이 회색지대 전쟁을 '흥미롭게interesting' 생각하는 이유는 이들이 NATO 헌장 제51조에서 정한 수준을 넘어서지 않는 만큼, 그리고 유엔안전보장 이사회 결의안the UN Security Council Resolution이 즉시 결의되지 않을 만큼의 폭력이 발생하기 때문이다. 어떤 경우에는 이러한 분쟁이 강력한 경제제재의 이행과 같은 급박한 대응수단을 촉발시킬 수 있는 정전규정의 범주 내에서 발생하기도 한다. 이러한 전쟁의 대표적인 사례는 최근에 러시아가 크림반도와 우크라이나 동부에서 수행한 공격과 중국이 남중국해에서 수행한 군사행동 등이다. 러시아-우크라이나 전쟁the Russo-Ukrainian War은 우크라이나인들에게는 회색지대 전쟁이 분명하나, 이에 대한 개입 자체를 거부하는 크레믈린의 태도는 설득력이 떨어졌다. 그런데 각 사례에서 러시아와 중국이 취한 적대행위만으로는 이와 관련된 서양국가가 직접 군사개입을 할 수 있을 만큼의 법적 정당성을 주장하기 어렵다. 통상적으로 서양국가는 상대방이 법 규범이나 의정서protocol에서 이탈하는 것을 식별하기 이전에는 군사력을 동원하여 직접 개입하지 않는다. (물론 몇 가지 유명한 예외는 있었다.) 정치적, 법적 경계를 벗어나지 않고 이에 대응하여 작전을 수행하기 위해서는 비정규전 부대나 훈련이 잘된 소규모 정규군을 투입해야 한다. 투입된 이들은 반드시 적의 공격을 격퇴할 수 있을 정도의 전투력을 보유해야 한다. 한편 군 관련 조직이나 외부 군사조직 등을 이용하여 회색지대 공격에 대처하는 방안도 고려할 수 있다.

러시아와 중국이 백악관 관료들이 전쟁을 통해서 전시 상황 wartime-like의 목표를 달성할 수 있을 것이라고 생각해왔던 서양

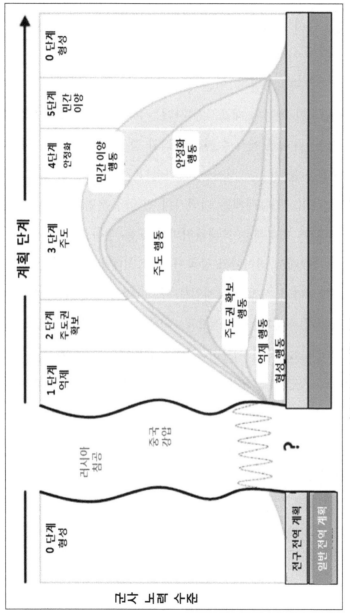

〈개념적 작전계획 단계Notional Operation Plan Phases〉

의 개념을 연구한 것에 주목해야 한다. 이러한 현상은 군사전략가와 작전계획 입안자가 합법적으로 다룰 수 있는 범주나 전문적으로 훈련받은 범주를 벗어난다. 위 도표는 이 문제를 현재의 작전계획 수립 패러다임을 이용하여 도형으로 나타낸 것인데, 여기에는 '위기 후 정상 회복crisis-return-to-normal' 과정의 표준모델이 포함되어 있다.

이 도표에서 수직 혹은 Y축은 전쟁수행 과정에 행사되는 군사행동의 예상 변동량을 나타낸다. '형성 행동Shaping Activities'은 위기가 시작되기 이전에 진행되는데, 이들은 위기를 해결하기 위해 필요한 군사행동의 크기와 비교할 때 가장 낮은 범주에 속한다. 위기의 초기단계에서 '억제 행동Deterring Activities'이 촉발되며, 이후 '주도권 확보 행동Seizing the Initiative Activities'으로 전환된다. 이후 이들은 '주도적 행동Dominating Activities'을 거쳐 다시 '안정화 행동Stabilizing Activities'으로 전환된다. 형성 행동과 억제 행동은 작전 기간 내내 지속되며, 안정이 재건되고 주둔 군사력이 감소할 때에 사라진다. 따라서 먼저 주도권을 확보하고, 이후에 적을 압도하며, 상황을 안정화시키며, 마지막으로 민간 정부에 통제권을 이양하는 것이 기본 순서이다. 이와 같은 순서의 논리에는 적에 대한 장악이 정책목표를 달성하기 위한 전제조건이라는 가정이 들어있다. 하지만 항상 적을 장악해야 하는 것은 아닌데, 예를 들면, 소모전략이 추구하는 목표는 적을 물리적으로 장악하는 것이 아니라 적이 싸우는 것 자체를 포기하도록 만드는 것이다. 또한 정권교체를 추구하는 참수전략이나 참수작전이 반드시 이 모델에 들어맞아야 하는 것은 아닌데, 왜냐하면 주도domination는 필요하지 않거나 비군사적 차원에 이미 존재하기 때문이다.

군사 정책결정자들이 이 단계를 전쟁의 불확실성과 혼란을 해독하기 위한 수단으로 취급한다는 점에 주목할 필요가 있다. 만약 군대 지휘관이 자기가 처해 있는 단계를 파악하고 있으면, 이들은 자신이 계획하고 수행해야 할 작전의 형태를 파악할 수 있다. 따라서 자신들이 처해 있는 단계와 연관된 목표는 독자적인 논리를 취하며, 이것은 정책목적과 연계되지 않는 것일 수도 있다. 더구나 이러한 패러다임을 기반으로 병력규모를 설정하는 경우에는 미국 군대의 규모와 역할을 합리화할 수 있다. 만약 3단계가 작전-계획 패러다임에서 가장 중요한 것이라면, 미군의 규모와 훈련 수준은 이에 맞춰서 진행되어야 한다. 이 경우에는 4단계와 5단계에서 요구되는 능력은 우선순위가 낮다. 미국 군대가 이 단계에서 임무수행에 차이가 있는 이유는 자체 강화 주기에 의한 결과인데, 이것은 각 군의 가치를 가장 중시하며, 또한 전쟁을 수행하는 과정에서 가장 중요하다고 판단하는 것을 강조하는 것을 의미한다. 달리 표현하면, 현행 작전계획 패러다임은 군사작전 수행과 미국 국방정책의 형성에 간접적이지만 처방적 영향을 제시하고 있는 셈이다.

위 도표에서 회색지대 전쟁과 관련된 이 모델의 한계, 즉, 전쟁이 언제 혹은 어디에서, 특히 이들이 0단계와 1단계 혹은 그 중간에서, 발생하는지를 잘 보여준다. 일반적으로 이 단계에서는 군사

행동이 가장 낮은 수준이거나, 혹은 아예 존재하지 않는다. 회색지대의 적대행위는 이와 같은 상황을 이용하는데, 서양국가가 이 단계에서 군사력 사용을 꺼리는 성향을 이용하는 것이다.

위 모델이 이러한 상황을 제대로 설명하지 못함에 따라 다음과 같은 두 가지 질문이 제기된다. 첫 번째 질문은 이 모델 자체가 잘못되었거나, 아니면 잘못 적용되었거나 혹은 과도하게 사용되었을 수 있는가이다. 두 번째 질문은 현재의 복잡한 전략환경을 고려할 때 유용하거나 실제로 사용가능한 모델을 찾을 수 있는가이다. 달리 표현하면, 만약 군대문화의 성향이 복잡한 문제에 대해 단순한 해답을 찾는 것이라면, 이 모델이 긍정적 영향보다 부정적 영향이 강한 것인가라는 질문이 될 것이다.

첫 번째 질문에는 '그렇다yes'라고 대답할 수 있다. 현행 계획수립 모델은 현실을 제대로 반영하지 못하는 한계를 가지고 있으며, 지금까지 이 모델은 잘못 사용되고 있다. 이 모델은 패턴a pattern을 제시하기 보다는 특정한 이상an ideal을 제시한다. 이상은 열망과 같은 것인데, 즉 완벽한 작전수행이란 어떠한 모습이어야 하는가를 추구한다. 반면 패턴은 작전수행이 어떠한 모습이었는지를 나타내는 근사치이다. 모델은 이상이 아니라 실제 현상, 즉 열망이 아닌 근사치에 기초해야 하는 것이다. 그렇지 않을 경우 이들은 기대와 현실 사이의 인식 불일치로 발전할 것이다. 현행의 작전수립 모델이 제시하는 이상적 상황은 적을 압도하는 것이다. 그런데 현실에서 적을 압도하는 것이 항상 가능한 것도 아니며, 또한 필요하지 않는 경우도 있다. 대부분의 목표는 이와 같은 목적달성에 이르지 못하는 경우가 많으며, 필요하지 않은 것을 달성하기 위해 노력하다가 많은 시간과 노력을 낭비하기 일쑤이다.

이상하게도 현재의 계획수립 모델은 이 점을 간과하고 있을 뿐만 아니라, 과거에 미국이 전쟁과 군사개입을 취해왔던 상황에서 명확하게 제기된 패턴도 무시하고 있다. 20세기에 미국이 가장 자주 사용한 군사전략 유형은 참수decapitation인데, 이 전략은 라틴아메리카 지역에서 정권교체가 목표였던 정책을 지원하는 과정에서 자주 사용되었다. 이러한 관점에서 볼 때, 미국 군대의 작전계획수립 모델은 군대가 '왜' 그리고 '어떻게' 사용되었는가를 역사적으로 분석하는 것이 중요하다. 분명한 것은 그러한 모델에 대한 연구는 광범위한 기반을 갖춰야 하지만, 지금까지 미국 군대의 개입과 사용을 주도한 핵심 혹은 항구적 고려요소를 무시하는 것은 미국의 역사를 무시하는 것이라고 할 수 있다. 탈레반Taliban을 제압하고 사담 후세인Saddam Hussein, 무아마르 카다피Muammar Gaddafi, 바샤르 아사드Bashar Assad를 권력에서 몰아냈던 최근의 군사작전도 미국사와 현대 미국의 전쟁수행 방식에서 크게 벗어나지 않았음을 알 수 있다.

도표는 1775년부터 2015년까지 미국 군대가 수행해 온 다양한 무력분쟁과 군사개입 사례를 정리한 것이다. 여기에 명시된 분쟁 중 어느 것도 현재의 군사작전계획수립 패러다임에 정확하게 들어맞는 것이 없다는 점은 눈여겨 봐야할 대목이다. 일반적으로 일관

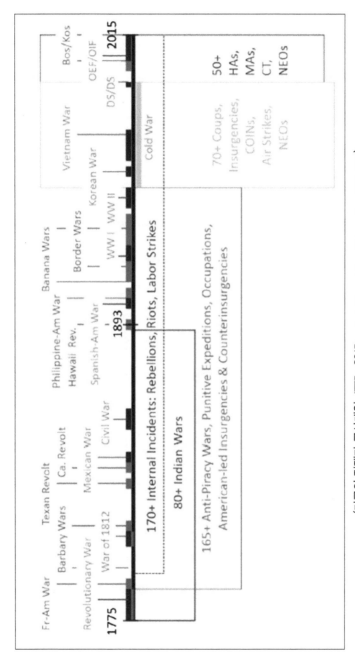

〈미국의 전쟁과 군사개입, 1775~2015America's War and Armed Interventions, 1775~2015〉

된 연계를 기대하는 미국 남북전쟁과 제2차 세계대전에서조차 미국의 적은 '압도dominated'되지 않았다. 이들은 3단계 결정적 작전에 의해 패배한 것이 아니었다. 이 두 전쟁에서 미국과 동맹국은 대부분의 영역에서 유리한 조건이었는데, 유리한 상황의 조성이 반드시 적에 대한 압도와 연계되는 것도 아니었다. 각 사례에서 '압도domination'는 4단계에 형성된 안정화 작전이 실시되기 전까지는 이뤄지지 않았다. 압도란 결정적 전투의 승리를 통해 이뤄지는 것이 아니며, 적의 군대를 포함한 정치 및 법 기관에 대한 통제에서 완성되는 것이다. 달리 표현하면, 결정적 승리는 압도하기 위한 조건을 형성하는 것이 아니고, 단지 압도하기 위한 조건 중 하나일 뿐이다. 결정적 승리는 적을 통제하기 적합한 군대와 다른 요소를 최적의 장소에 배치할 수 있는 여건을 조성한다.

두 번째 질문에 대답은 모델을 잘못 사용하거나 패턴을 위한 잘못된 열망에서 실수할 위험은 부분적으로는 군사교육과 훈련 때문일 수 있다. 하지만 융통적인 틀의 도움이 없다면 교육과 훈련은 충분하지 않다. 단 하나의 작전계획 수립 모델은 필요하지 않을 수 있지만, 대신 전체적으로 군대, 관련 기관, 국제사회의 노력 등을 조율하기 위한 몇 가지 조형의 틀organizing frame은 필요하다. 이와 같은 전체적 노력은 몇몇 비정부 기구와 정부 간 조직intra-governmental organization에게 유용하다는 것이 입증되었는데, 과거에는 미국과 동맹국 정부가 이들과 협조해야 할 의무와 책임은 없었다.

이론과 마찬가지로 모델은 처방하는 것이 아니라 설명하는 것이다. 그런데 대체로 모델은 처방하기 위한 목적으로 사용되며, 가장 잘 알아야 하는 사람 혹은 핵심의도를 알고 있는 사람들이 사용한다. 따라서 여기에서 제시하는 중앙에 자리 잡은 일반적 틀이 더나은 선택일 수 있다. 물론 이것은 수많은 '평시'와 '전시' 상황을 넘나드는 다양한 노력 선lines of efforts을 조율하거나 설명하기에는 느슨하게 보일 수도 있다. 이와 같은 개별단계는 교리로 제시되는 것보다는 군사 및 정책 실행자가 함께 발전시키는 것이 좋을 것이다. 그렇게 될 경우 이 틀은 내세울 만한 현란한 간판a template을 갖추지 못할 수 있다. 그런데 이와 같은 틀을 가지고 있다고 하더라도, 미국 군대의 전문 교육체제는 특정교리에 집착하는 것의 위험을 지속적으로 경고하고 있다. 항상 그래왔던 것처럼, 군사교육의 목적은 전문성을 갖춘 판단을 강화하기 위한 것이어야 하며, 특정의 문구나 원칙에 따른 교리적 집착을 조장해서는 안 된다.

군사력의 사용에 대한 결정은 반드시 정책적 선택에 따라야한다. 이러한 원칙에도 불구하고, (NATO와 비 NATO 모두를 포함한) 서양의 군사전략가와 전쟁계획 입안자들은 대안이 될 수 있는 작전수행 모델이 필요하며, 이것은 적대행위가 시작되기 이전의 회색지대 전쟁에 대응할 수 있는 모델이어야 한다. 이 모델은 정책 결정자들이 조언을 요청할 경우 군인들이 제공해야 할 군사적 조언을 발전시키는데 도움이 되어야 한다. 현재 서양국가는 새로운 전쟁의 개념을 고민하지 않으며, 대신 오래된 전쟁개념만 연구하고 있다. 여기에서 오래된 전쟁개념이란 포스트모던의 정치규범과 법적 제한요소에 구속되지 않는 '시간이 지난old-fashioned' 개념을 가리킨다. 그럴 경우에 대체 모델은 반드시 분쟁의 '이전pre'과 '이후post' 단계를 포함하여 묘사해야 한다.

그렇다면 군사전략 혹은 작전수행 모델은 어떤 모습이어야 하는가? 〈개념적 작전계획 단계〉에서 제시된 작전단계는 현재 수정 중이라는 점을 고려해야 한다. 새로운 교리가 발간될 때마다 이 단계는 동일 단계 혹은 동일한 숫자가 아닌 경우도 있었다. 그리고 실제로도 그러한 형태가 아닐 것이다. 물론 이것은 그다지 중요하지 않은데, 왜냐하면 이 단계에서 추구하는 목표는 대안을 제시하고 토론하는 것이기 때문이다. (우호적으로 바라보지 않는) 일부 내부자들이 '모래 도표sand chart'라고 언급한 현행 작전단계 구조는 문제를 가시화시키는 방법으로 사용되는 참고자료에 지나지 않는다.

강압-억제 다이나믹The Coercion-Deterrence Dynamic

러시아가 우크라이나에서, 그리고 중국이 남중국해에서 실시한 군사행동을 강압coercion이나 억제deterrence, 혹은 둘 모두에 해당한다고 간주하여 회색지대 전쟁이 제기하는 문제를 단순화 할 수 있다. 현대 전략 연구자들은 강압과 억제에 대해서 장황하게 설명한다. 하지만 그 어느 것도 이 두 가지 개념을 하나의 연결된 다이나믹으로 설명하지 않았다. 강압-억제 다이나믹은 전쟁 자체는 물론이고, 이것에 앞서 발생하거나 혹은 뒤에 조성되는 상황에 대한 해법을 다룬다. 그렇다고 해서 이것이 반드시 평화를 추구하는 것은 아니다. 클라우제비츠의 주장대로, 전쟁은 적에게 나의 의지를 강요하기 위해서 무력을 사용하는 행위이다. 달리 표현하면, 무력분쟁은 근본적으로 폭력 수단에 의한 강압(혹은 강요)이다. 그러나 용어사전이 정의한 대로, 폭력은 운동적 성향의 군사력 사용을 초월하는 그 이상이다.

무력분쟁 영역 밖에서 발생하는 외교 혹은 다른 형태의 무력이 전쟁 선포까지는 연결되지 않을 정도라고 하더라도, 이들은 대부분 강압과 관련되어 있다. 일부는 이와 같은 형태의 강압을 '정치전 political warfare'이라고 부르는데, 이 용어는 명확한 개념 파악이 힘들고 큰 혼란만 야기한다. 만약 전쟁이 클라우제비츠가 주장하는 대로 정치의 영역에서 발생하는 것이라면, 모든 전쟁은 어쩔 수 없이 정치적일 수밖에 없다. 그런데 문제는 이것을 야기하는 정책과 전쟁이 본질적으로 공세적일 것인지 혹은 수세적인 것일지를 결정해야 한다는 점이다. 어떤 경우이건 전쟁warfare에 관련된 경우에는 '정치적political'이라는 형용사가 필요하지 않다. 클라우제비츠의 시각에서는 평시의 정치적 강압과 전시의 정치적 압박의 차이는 물리적 싸움을 의미하는 전투만 추가될 뿐이다.

클라우제비츠가 방어를 토의하는 과정에서도 억제의 논리가 발견된다. 현대의 전략가들이 대부분 동의하는 대로 나의 억제 능력은 적어도 부분적으로는 나의 방어 능력에 달려있으며, 그 반대도 마찬가지이다. 이 두 가지 개념은 긴밀하게 연결되어 있으나, 실제로는 억제가 더 큰 개념이다. 왜냐하면 우리는 때때로 억제하기 위해서 (방어 능력뿐만 아니라) 공격 능력이 필요하며, 확장억제의 경우에는 더욱 그러하다. 또한 성공한 억제는 일반적으로 성공한 방어를 의미하는데, 예외적으로는 억제가 실패하더라도 방어에 성공할 수 있다. 달리 표현하면, 우리는 클라우제비츠가 방어가 공격보다 강한 형태라고 주장한 구절에서 다음과 같은 결론을 도출할 수 있다 : "강압이 억제보다 어렵다."

그러나 현실에서는 강압과 억제가 동전의 양면일 수 있다. 나는 내가 바라는 것을 적이 실행하도록 강요함과 동시에, 내가 원하지 않는 것을 적이 하지 못하도록 억제하는 것이다. 이와 같은 강압-억제 다이나믹은 거의 모든 형태의 분쟁에 존재한다. 이러한 법칙에 대한 예외는 제노사이드genocide인데, 왜냐하면 이것의 목적은 적의 국민을 강압하는 것이 아니라 제거하는eliminate 것이기 때문이다. 심지어 (제노사이드와 형태가 다른) 인종 청소ethnic cleansing는 적의 국민을 특정지역에서 몰아내는 것이며, 이를 위해서 강압과 억제의 수단을 사용한다.

강압-억제 다이나믹은 정규전 발발 직전에도 적합하며, 따라서 회색지대 상황에 잘 들어맞는다. 예를 들면 1936년부터 1939년까지 아돌프 히틀러Adolf Hitler가 보여준 전쟁을 불사하겠다는 의지는 —아이러니 하게도 이 시기의 동맹국이 보여준 평화수호 의지와 병립하여—그가 주도한 강압적 군사력 사용과 외교 효과를 극대화 시켰다. 오늘날에는 이러한 현상은 강압외교라고 부르지만, 당시에는 이 개념 자체가 없었다. 대신 당시에는 '무장외교armed diplomacy'라고 불렀으며, 해상 대결의 경우에는 '건함외교gunboat diplomacy'라고도 불렀다. 히틀러는 무장 혹은 강압외교를 내세워 독일군을 재무장시킨 뒤 강압과 억제의 수단으로 사용하였다. (초기 독일군은 기갑전력 등의 측면에서는 낙후한 전력을 보유하고 있었다.) 그는 영국과 프랑스 정치가의 병력사용을 억제하였으며, 동시에 이들을 강압하여 자신이 추구하는 영토확장 요구를 수용하도록 강요하였다. 주변에서는 독일에 대한 선전포고가 필요하다고 주장하였으나, 제1차 세계대전의 아픔과 막대한 피해를 기억하고 있던 프랑스와 영국의 외교관들은 또 다른 전쟁수행을 결정하는데 많은 부담을 가지고 있었다.

따라서 회색지대 전쟁을 처리하는 또 한 가지 해법은 강압−억제 다이나믹 주변의 작전과 전역을 구상하는 것인데, 이것은 경쟁세력에게 강압이나 억제, 혹은 이들을 혼합하여 대적하는 것이다. 대부분의 전쟁은 이 두 가지 요소의 유동적 혼합으로 이뤄지는 경우가 많다. 평시의 강압과 억제 작전에는 다음과 같은 활동이 포함된다. —군대 동원, 국경선을 연하는 지역에서 군사훈련 실시, 항공기의 영공 통과비행 등을 포함한 무력의 과시, 무기 이전의 집행, 정보 공유 등. 또한 한때 조롱하듯이 '전쟁 이외의 군사작전MOOTW, military operations other than war'이라고 불렸던 행동에 대해서도 강

POSITIONING

LINES OF EFFORT

Coercion-Deterrence Operations | Armed Conflict | Coercion-Deterrence Operations

Diplomatic
- Alliance/Coalition Building
- Coercive Diplomacy
- Alliance/Coalition Building
- Coercive Diplomacy

Informational
- Strategic Communications
- Political/Information Warfare
- Information Operations
- Strategic Communications

Economic
- Targeted Sanctions
- Financial Warfare
- Economic Blockades
- Financial Warfare
- Trade Agreements

Military
- Intelligence Sharing
- Training Exercises
- Mobilization
- Arms Transfers
- No-Fly Zones
- ODSS
- Overflights
- Treaty Enforcement

NON-KINETIC EFFORT
KINETIC EFFORT

〈위치 선정의 틀A Framework for Positioning〉

압-억제 틀을 적용할 수 있다. 여기에는 제재 강화, 비행 금지구역 강행, 항공 폭격, 대對테러공격 등이 있다. 이와 같은 군사력 사용은 강압 및 억제전략 수행에 필요한 신뢰성과 결단력 과시에 필요하다.

현대 군사전략가와 전역계획 입안자에게 필요한 다양한 수단은 이미 제시되었는데, 강압-압박 다이나믹은 단기작전이나 장기 행동과정을 발전시키고 조율하는 틀에서만 활용가능하다.

따라서 모래 차트sand chart의 대안으로 제시될 수 있는 것은 위 도표와 같은 모습으로 나타날 것이다.

위 도표는 국력 요소를 Y축, 즉 노력 선Lines of Effort으로 묘사하는데, 이 선에서는 군사력이 핵심요소가 아니다. 그러나 군사력은 다른 수단을 행사할 수 있는 여건을 제공한다는 점에서 항상 중요한 요소이다. 예를 들면, 해군에 의한 봉쇄는 군사력을 활용하여 수행하는 경제전쟁의 한 유형이다. 미국 정책결정자들은 오랫동안 전략 형성과 전쟁수행 과정에서 '범 정부적' 접근을 추구해왔으나, 실제로 이와 같은 표현이 실행으로 옮겨진 경우는 드물다. 이것은 범 정부적 접근이라는 목적을 실현시키기 위한 하나의 단계이다. 어떠한 경우이건, 군사전략가와 전략계획 입안자는 국가 안보뿐만 아니라 경쟁자를 약화시키는 방법을 이해하기 위해서 힘을 통합적으로 표출할 수 있는 조건을 구상해야 한다.

위 도표는 각각의 노력 선lines of efforts에 따라서 힘의 강도를 일정하게 맞추는 것을 나타내고 있으나, 실제로 이 척도는 수많은 변수에 의해 영향을 받는다. 게다가 국력 요소는 상이한 비율로 겹쳐져 있다. 군사력은 항공폭격 등과 같이 신속하게 효과를 발휘할 수 있으나, 만약 특정지역의 주민에 대한 안보제공이 목표라면 그 효과는 오랫동안 지속되어야 한다. 신용거부나 표적제제 형태로 진행되는 재정전쟁은 신속하게 목표를 달성할 수 있으나, 경제력은 연관된 기간시설의 유형에 따라서 발전시키는데 상당히 많은 시간이 소요된다. 그리고 정보력은 신속한 결과를 얻을 수 있는데, 이런 경우는 어떤 생각을 바꾸려고 하는 것이나 새로운 생각을 받아들이도록 사고를 바꾸려고 하는 것보다는 많은 사람들이 원하고 있거나 혹은 그동안 믿어왔던 기존의 편견에 대하여 구사할 경우 더욱 그러하다. 러시아의 정보전은 대체로 성공적인데, 왜냐하면 이들은 오랫동안 지속되어 온 반反서양, 특히 반反미국적 성향의 선전을 이용하고 있기 때문이다. 결국 외교력을 구사할 수 있는 능력은 다른 영역에 존재하는 능력에 달려있다. 따라서 각 노력 선의 속도와 규모는 나와 비교되는 상대방의 강점과 약점에 따라 달려있을 뿐만 아니라, 또한 내가 추구하는 목적과 법적, 정치적 제약과도 연관된다.

위 도표에서 위치 선정Positioning은 전략의 형성과 억제Shaping and Deterring의 자리를 차지한다. 형성Shaping이라는 용어는 항상 모호하고 적절치 않은 것처럼 보인다. 반대로 위치 선정Positioning은 각 노력 선의 단기목표와 장기목표가 내가 궁극적으로 달성하고자 하는 것을 촉진시킬 수 있는 지리적 이익을 얻기 위함이라는 것을 가리킨다.

역사적으로 분석하면, 전략은 나의 목표달성 가능성을 높이기 위해서 적의 강점에 대응하고 약점을 이용하는 관행이다. 이 과정에서 대전략가들은 경쟁자에 비하여 나의 전 세계적 지위를 강화하기 위해서 동맹, 연합, 다른 안보 및 교역 합의 등을 수단으로 활용한다. 군사전략가들은 대전략 구상을 강화하기 위해서 다양한 형태의 군사력을 활용하여 상대방의 저항 능력을 약화 혹은 무력화시키기 위한 합의를 추구한다. 이러한 모든 조치는 대전략이 추구하는 목적을 강화하기 위해서이다.

따라서 위치 선정은 물리적, 지리적 영역에서만 발생하는 것이 아니라 문화적, 심리적 영역에서도 발생한다. 또한 위치 선정은 질적 및 양적 조건으로 표현되는데, 예를 들면, 군사력에서 나의 경쟁자를 제치는 것은 일반적으로 '압도'했다고 표현하며, 이것의 영역은 질적 및 양적 측면의 수량적인 무기, 리더십, 훈련, 병참 등에 연관된다.

집중의 원칙이나 기습의 원칙과 같이 대부분 잘못 적용되고 있는 '전쟁 원칙principles of war'은 상대적 작전이익에 불과하다. 대부분의 서양 군대는 이와 유사한 전쟁 원칙을 발전시켜 왔는데, 마치 전쟁 원칙이 전쟁에서 승리하는 비결이나 되는 것처럼 이들에 집착하는 과오를 범하기 일쑤이다. 전쟁 원칙이, 적절하건 혹은 영구적으로 부적절하건 간에, 특정 상황에 유용한 이점을 제시할 수 있는가를 판단하는 것은 중요하다. 이와 같은 이점이 누적된다고 해서 승리를 장담할 수는 없지만, 이들은 우리의 임무달성을 용이하게 하며, 적의 임무달성을 어렵게 하는 역할을 할 수 있다.

몇몇 학자들이 자주 언급하는 미국의 상황, 즉 대전략이 부재한 상황에도 위치 선정을 확대할 경우 미국의 이익은 극대화할 수 있다. 미국 정부가 적과 대적하기보다 협조하는 상황이면, 지리적 이점은 협상에서 '교역 공간trade-space'의 일부가 될 수 있다.

간략하게 말하면, 전략은 어느 수준에서건 우리가 원하는 것을 얻을 수 있는 가능성을 높이기 위해서 외교, 정보, 군사, 경제적 이익을 확보하는 것이다. 따라서 우리가 원하는 것은 획득가능하다고 생각하는 것에 크게 영향을 받으며, 이것은 다시 적의 강점과 약점을 비교하여 나의 강점과 약점을 어떻게 평가하느냐, 즉 주관적이며 수시로 변화하는 관계에 달려 있다. 그러므로 위치 선정 Positioning은 형성Shaping과 억제Deterrence의 자리를 차지한다. 그러나 형성 및 억제와 마찬가지로, 위치 선정에 대한 고민도 끊임없이 계속되어야 한다.

분쟁 이전 단계에서 무력분쟁을 수행하는 군사기술이 '결정적'일 정도로 중요한 것은 당연하다. 이 단계에서 취해진 최고의 동맹국이나 파트너 확보, 객관적 평가, 올바른 정책 수행, 압도적 작전확보 등도 중요한 조치들이다. 특히 이 단계에서 행해지는 실수는 나중에 만회하기 어려우며, 초기 단계의 잘못된 판단은 분쟁에서 '승리'하거나 유리한 조건 달성에 문제의 소지를 남길 수도 있다. 따라서 아래 도표에서는 동맹국과 파트너를 적절하게 무장시키는 것을 포함한 군사전략가와 전역계획 입안자에게 전쟁발발 이전의 위치

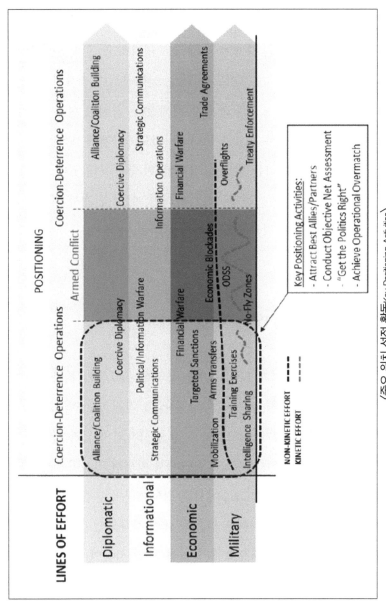

〈중요 위치 선정 활동Key Positioning Activities〉

선정의 가치에 대한 인식강화가 중요함을 알 수 있다.

지난 10년 이상 이라크와 아프가니스탄에서 싸워온 미국 군대는 4단계와 5단계 작전의 중요성을 제대로 평가하고 있다. 안정화 작전과 지원작전의 가치, 그리고 이들을 실행하는데 필요한 능력을 이해하기 위한 많은 노력과 조치가 취해졌다. 하지만 현재 미국 군대는 이러한 단계에서 최고로 노력하더라도 0단계와 1단계에서 만들어진 실수를 극복하는 방법을 망각할 위기에 처해 있다. 초기에 범해진 실수의 효과는 오랫동안 지속되며, 이로 인해서 최근의 분쟁에서 만족할 만한 결과를 달성하지 못하고 있다.

현실 적용 방안A Practical Application

그렇다면 강압-억제 다이나믹을 어떻게 우크라이나 사례에 적용할 수 있을까? 첫째, 전쟁의 주요 특징을 작전 및 전략적으로 이해해야 하는데, 이렇게 함으로써 교전 당사자의 장점과 단점을 파악할 수 있다. 돈바스the Donbass 지역에서 발생한 러시아-우크라이나 전쟁the Russo-Ukrainian War에서는 전투대형이 통합된 현대적 시스템으로 사용되었다. 이들은 다른 곳에서 사용되었던 것과 동일한 양상이지만 훨씬 복합적으로 작용하였다. 러시아의 여단 및 대대 전투단은 기갑, 기계화 보병, 자주포와 견인포, 로켓, 박격포와 더불어 반공 및 전자전 무기체계로 구성된다. 이 시스템에는 (대체로

UAV 혹은 드론으로 알려진) 원격조종 가능한 항공장치가 정찰에 활용되는데, 이 정찰장치에도 공대지 미사일이 장착되었다.

전장에서 다시 기갑부대의 기동력이 중시되는 현상은 주목할 만한데, (T-90 계열이나 계량된 T-72 계열 등) 새로운 전차 모델과 반응장갑으로 무장한 여러 중장비가 최신 대전차무기의 공격을 극복하고 있다. 하지만 이러한 기갑장비는 (반응장갑이 전혀 없거나 거의 없는) 전차의 윗부분을 공격하여 관통시킬 목적으로 제작된 UAV의 공격이나 포병 탄약의 공격에는 취약하다. 한편 UAV는 GPS 시스템을 혼란시키는 전자무기에 대한 잼Jamming 공격에 취약하다. 포병, 박격포, 다련장 시스템MLRSs은 단시간 내에 기계화 부대를 파괴할 수 있다. 그럼에도 불구하고 대對포병 레이다는 간접사격 시스템을 식별할 수 있으며, 이를 통해서 신속하고 파괴적 대응사격이 가능하다. 관련자료에 따르면, 러시아-우크라이나 분쟁에서는 전체 사상자 중 약 85%가 포병에 의해 피해를 입었는데, 이 비율은 사상자의 75%가 포병에 의해 발생했던 제2차 세계대전과 비교할 때 상당히 높은 수준이다. 또한 대부분의 러시아 포병이 정밀사격이 아니라 지역사격에 주력한 것도 눈여겨 볼 대목이다. 이 경우 대부분의 교전이 10~15km 정도의 거리에서 발생했는데, 이는 직접 관측 범위에서 훨씬 벗어난 거리였다.

종합하면, 현대전장에서는 무기의 치사도가 급격하게 증가하였으며, 이에 따라 적 무기 사정거리 이내에서 활동하는 군대의 전투대형은 고도의 기동성을 보유해야 하며, 분산되어야 한다. 예를 들면, 러시아군 대대 전투단은 냉전시대에 소련군 여단이 차지했던 만큼의 공간을 사용하였으며, 이 대대는 함께 기동하며 화력지원 임무를 수행하는 직접지원 포병부대도 가지고 있었다. 또한 어느 전투 대형에서나 전자전과 방공 시스템이 중요한 요소로 부각되었는데, 만약 전자전 시스템이 작동하지 않을 경우 이들은 적이 운영하는 UAV의 수색에 쉽게 노출될 것이다. 이들은 짧은 시간 이내에 정보를 획득하여 포병 직접사격과 로켓 사격을 유도할 수 있다. 실제로 기갑, 보병, 포병, 항공, 방공 무기, 전자전 능력이 모두 통합된 전투체계에서 어느 하나라도 중요한 기능이 빠진 전투대형은 매우 취약하여 적의 공격을 받을 가능성이 크다.

현대전쟁에서는 기술이 갖는 고유한 특성으로 인해 상대방에 비해 기술적, 수량적 우위를 점하는 측이 이점premium을 갖는다. 그런데 우크라이나 군대는 실제로 기술측면에서 뿐만 아니라 여타의 측면에서도 전쟁준비가 부족했다. 우크라이나 군대는 (러시아 군대를 압도하는 것은 생각지도 못하며) 적과 대적할 수 있는 능력조차 보유하지 못했다. 따라서 우크라이나 군대는 교전에서 승리하는 것뿐만 아니라 러시아군이나 분리주의 세력을 대상으로 신뢰할 수 있을 정도의 억제를 달성하는 과정에서 많은 어려움을 겪었다. 우크라이나 군대가 러시아의 지원을 받는 분리주의 세력을 강압할 수 있는 능력을 보유하지 못한 셈이다. NATO와 비NATO 조직이 우크라이나 군대에 러시아군이 보유한 무기체계보다 훨씬 증가된 사거리, 정확도, 생존성을 갖춘 무기를 제공함으로써 최소한 기술차원에서 발생하는 불균형을 해결할 수 있다. 이들이 추구하는 목적은 러시아 군대에게 여태까지 당해보지 못한 높은 소모율과 피해를 주어 러시아 군대를 지치게 만드는 것이다. 이때 주목할 것은 서양국가들이 추구하는 목적은 전형적인 소모전략과 연계된 목적과는 차이가 있다는 점이다. 역사적으로 볼 때, 용병, 계약 군인, 단기 지원군으로 구성된 군대는 소모전에 취약했다. 만약 러시아의 징병 가능인원에 대한 보고서가 사실이라면, 러시아인들이 군대 복무를 회피하려는 현상은 소모나 고갈과 같은 전략이 현재 서양국가가 추구하고 있는 억제를 위한 노력보다 훨씬 도움이 될 것이다.

강압과 억제는 최상의 효과를 달성하기 위해서 반드시 외교, 정보, 군사, 경제적 요소와 통합되고 조화되어야 한다. 최근에는 인적 제제나 지역 제제보다 경제 제제가 가장 강력한 것으로 알려졌는데, 실제로 그 효과는 명확하게 확인된 바 없다. 몇몇 초기 보고서에 따르면, 러시아 경제는 환율추락, 소비자 물가상승, 국민 총생산GDP의 급락 등 어려움에 처해 있었다. 그러나 이와 같은 경제침체는 서양에 의한 제재의 효과라기보다 원유가격 하락과 푸틴의 비효율적 경제정책에서 기인한 결과였다. 특히 푸틴 대통령의 비효율적 경제정책으로 인해 러시아가 국제적 시장과 대출 기구에 대한 접근을 스스로 제한함으로써 대안이 될 수 있는 기회를 스스로 가로막았기 때문이었다. 하지만 일부 분석가의 경고대로, 제재의 형태로 가해지는 경제적 강압만으로는 정책목표를 추구하기 어렵다. 그 이유는 중국과 같이 대규모 경제력을 가진 국가에게 그들의 시장에 대한 접근을 제한하여 보복하는 것이 쉽지 않기 때문이다. 이럴 경우에는 암시장이나 무역의 대체 파트너, 그리고 최소한의 인내심을 자극하는 제재 조항의 수용 거부 등이 또 다른 해결책으로 제시될 수 있다.

미국 국방부와 NATO 본부에서 작성한 보고서에 따르면, 동유럽 지역에 일부 부대의 재배치, 부대훈련의 증가와 추가 병력동원 등을 통한 군사적 억제의 한 형태가 진행되고 있다. 비판적으로 분석하면, 군사적 차원의 성공을 위해서는 키에프Kiev나 마리우폴Mariupol 항구도시 등 전략 및 작전 차원에서 중요한 지역에 대하여 러시아군의 기동의 자유를 제한하기 위한 접근금지/지역거부A2/AD나 통행금지no-go 지대 설치 및 강화 등의 조치를 취할 수 있다. 만약 공중엄호와 전자전 방호가 거부되면, 러시아 부대는 식별위험과 신속한 인명피해 발생의 위험을 감수하며 기동해야 할 것이다. 무기판매나 장비이전을 통해 우크라이나 전투 부대에게 기술우위를 제공할 수 있으며, 혹은 전자전 자산이나 대對포병 레이다 등을 제공하여 최소한 이들이 러시아 군대에 대항하여 동등한 작전을 펼칠 수 있는 능력을 갖도록 할 수도 있다.

몇몇 학자들의 주장처럼, 푸틴 대통령의 동기를 이해하는 것 역시 필요하다. 그러나 설령 푸틴을 이해하더라도, 그가 우선적으로 달성하려고 하는 방법적 측면에서 유동적 태도를 취한다면 오히려 역효과를 가져올 가능성이 높다. 어떠한 경우이건, 푸틴은 자신이 추구하는 전략목표를 숨기려하지 않을 것이다. 따라서 서양국가의 목적은 각각의 상황에서 푸틴이 원하는 것이 아니라, 그가 할 수 있다고 뽐내왔던 것에 집중해야 한다. 예를 들면, 서양국가들이 우크라이나와 동유럽 일부 지역에 대한 러시아의 추가 침공을 저지하기 위해 추가 조치를 취하려고 하는데, 이러한 결정은 러시아와의 외교적 우선권을 더욱 강화하는 조치와 동시에 취해야 한다. 이와 같은 강압압박은 푸틴이 분리주의 세력 군대에 대한 무장지원을 축소하도록 강요하기 위한 것이며, 또한 보다 건설적으로는 푸틴이 시리아 문제해결에 더 많은 관심을 갖도록 유도하는 것이다. 억제의 목적은 우크라이나 군대에게 수적 그리고 질적으로 우수한 군사무기를 제공함으로써 달성할 수 있는데, 이를 통해서 우크라이나 군대는 제한된 형태의 반격을 시도할 수 있는 능력과 적에게 더 많은 인명피해를 줄 수 있는 능력을 보유하게 될 것이다. 여러 가지 측면에서 볼 때, 우크라이나 전투는 예방적 성격을 가지고 있으며, 고도의 기술력에 의한 전투라고 할 수 있는데, 이 경우에는 보유한 무기의 속도와 사거리가 중요한 요소이다. 우크라이나 군대를 고도의 기술력을 갖춘 군대로 무장시키고, 또한 (제재를 통해서) 러시아의 재정 부담을 복합적으로 강요하여 서양이 구사하는 경제적 강압을 보완할 수 있다.

이와 같은 제재의 목적은 러시아에 대한 처벌과 더불어, 우크라이나에 대한 러시아의 공격을 재정적으로 감당하기 어렵도록 만들기 위한 것이었다. 따라서 이러한 경우 군사전략은 제시된 목적을 보완하기 위해서 러시아가 우크라이나의 고도로 발달된 기술 시스템에 대항하느라 더 많은 경제 및 재정 자원을 소비하도록 만드는 것이다. 실제로 러시아에 이와 같은 비용을 부과하는 전략이 어떻게 작용할 것인가에 대해서는 많은 연구가 진행된 바 있다. 간단하게 말하면, 회색지대 전쟁 환경에서도 NATO 군사전략가들은 강압과 억제, 그리고 이를 병합한 작전이 이미 진행되고 있거나 혹은 구상하고 있는 외교, 정보, 경제 수단을 더욱 강화할 수 있는 군사작전을 구상해야 한다.

군사력을 사용하겠다는 의지가 모든 세력의 동의를 받기 어려운 상황에서 상대방을 강압 혹은 억제하는 것이 어렵다고 하더라도, 이와 같은 군사작전이 반드시 물리적 전투와 연계될 필요는 없다. 군사전략가와 전역 기획자들은 반드시 '교전이 수반되지 않는non-shooting' 상황에 적합한 강압과 억제전략을 구상하고 실행하는데 필요한 모든 수단을 갖춰야 한다. 군대의 하드웨어, 고문관, 정보지원 등의 요소는 법적 혹은 정치적으로 제한될 수 있기 때문에 서양국가들은 이러한 제약에도 불구하고 기능을 발휘할 수 있는 대책을 강구해야 한다. 상황에 따른 애매함이 주는 기회는 공자에게만 있는 것이 아니라 방자에게도 균등하기 때문이다.

하지만 이와 같은 애매함을 유리하게 사용하기 위해서 서양국가는 전반적으로 마음가짐과 태도를 조율해야 한다. 가장 먼저 취해야 할 조치는 '상대opponent'나 '적enemy'이라는 용어 대신 '라이벌rival'이나 '경쟁자competitor'와 같은 용어를 사용해야 한다. 적enemy과 달리 경쟁자rival는 한 가지 영역에서는 협조하면서, 동시에 다른 영역에서는 경쟁하는 존재이다. 이러한 양상을 잘 설명하기 위해서는 역사상 가장 중요한 정규전이었던 제2차 세계대전을 사례로 들 수 있다. 이 전쟁에서 서양국가들과 소련은 불편한 동맹을 맺은 바 있다. 서양국가들은 클라우제비츠가 제시한 '물밑 접촉quiet labor'을 수용하였는데, 이것은 군사적 목표와 정치적 목적을 끊임없이 조율하는 것이다. 즉, 군사력을 사용하기 이전, 중간, 이후에 가능한 한 최대의 이익을 확보하기 위해 부단히 노력하는 것을 말한다. 전략은 단순히 재정이 중단되었다고 해서 멈추지 않는다. 또한 전쟁의 소용돌이에서 발생하는 강압행동을 위한 수많은 기회가 남아있으며, 이들에 대해서는 전략적으로 고려하고 수많은 워 게임war games도 시행해야 할 것이다. 우리의 경쟁자는 이익을 얻을 수 있는 한 언제든지, 그리고 어디서든지 최대한 강압행동을 시도할 것이다.

강압과 억제의 이해Understanding Coercion and Deterrence

강압-억제 다이나믹을 적용하기 위해서 서양의 군사전략가와 전역계획 입안자들은 이들에 대해서 자세하게 알아야 하는데, 그 이유는 이들이 심각한 한계를 가지고 있기 때문이다. 이들의 한계는 강압과 억제를 함께 사용하더라도 사라지지는 않는다. 앞서 언급하였듯이, 강압은 상대방에게 항복과 같은 무엇인가를 하도록 강요하는 것이다. 반면에 억제는 상대방에게 무엇인가를 하지 못하도록 강요하는 것인데, 예를 들면 비정규전 전사가 되지 못하도록 막거나 전투를 지속하지 못하도록 막는 것을 말한다. 이처럼 두 가지 전략은 서로 밀접하게 닮았다. 일반적으로 강압전략에는 처벌, 거부, 협박, 보상 등의 요소가 포함되는데, 이들은 과거로부터 사용되던 것들이다. 로마 군대는 적을 섬멸하거나 노예로 삼기 위해서가 아니라 적을 강압하기 위한 목적에서 수많은 교훈을 주기 위한 전쟁punitive actions을 치렀다. 몇몇 사례에서 알 수 있듯이, 처벌은 자칫 심각한 결과를 초래할 수 있는데, 로마 제국은 적을 파괴하는 대신 속국을 만드려고 하였다. 또한 중세시대에도 가축 약탈, 곡식 방화, 세금 부과 등과 같은 처벌과 거부를 위해 고안된 군사행동을 통해서 적을 강압하기 위한 수많은 전쟁이 발발하였다.

이처럼 강압전략이 오랜 기간 각광을 받아왔지만, 이들에 대한 심각한 연구가 시작된 시기는 1950년대와 1960년대부터이다. 이 전략에 대한 두 명의 선구자적 연구자는 정치학자이자 국가안보 분석가 로버트 오스굿Robert E. Osgood 박사와 하버드 대학의 경제학자, 게임 이론가, 노벨상 수상자 토마스 셸링Thomas C. Schelling 박사이다. 제2차 세계대전에 참전한 오스굿 박사는 "전쟁의 목적은 지속적으로 전개되는 외교의 진척 상황에 따라 전쟁 발발 직전의 위기로부터 명백한 무력 충돌에 이르는 과정까지 적의 의지에 내가 원하는 효과가 반영될 수 있도록 군사력을 능수능란하게 사용하는 것이다"라고 주장하였다. 이러한 시각에 대해서 셸링 박사는 군사력은 적의 전쟁 발발 직전의 행동에 기여할 뿐만 아니라, 적을 강요, 협박, 억제하기 위해서 '통제된controlled' 그리고 '계산된 measured' 방식으로 사용할 수 있어야 한다고 주장한다. 쉘링 박사는 "적을 파괴하는 힘은 협상력이며, 이를 실행에 옮기는 것은 잔인하게 행해지는 외교이다"라고 강조하였다. 또한 외교의 목적은 자신의 추구하는 행동에 큰 변경이 없는 범위 내에서 적의 행동에 영향을 미치도록 하는 것이라고 주장하였다.

이러한 견해는 전쟁 관련 '협상 모델bargaining model'의 근간을 이루는데, 여기에서는 군사력이 격렬한 물물교환 과정에서 사용되는 확장된 통화의 한 유형과 동일한 기능을 한다. 이것은 회색지대 전쟁에 잘 들어맞는데, 다만 통화 교환의 대가가 상품이 아니라 인간의 생명이라는 한계를 가지고 있다는 점은 고려해야 한다. 이러한 사실은 협상의 개념에 또 다른 차원을 부여하는데, 왜냐하면 사상자가 증가할수록 양측은 물물교환에서는 찾아볼 수 없는 무장충돌에 더 많은 투자를 하게 될 것이기 때문이다. 따라서 교전자들은 자신들이 수행하는 행동에 비해 오랫동안 전쟁에 관련된다. 시장보다는 전쟁에서 '이탈walk away'하기 어렵기 때문이다.

강압과 이를 보완하는 억제는 '연속 스펙트럼continuous spectrum'이며, 이들은 외교와 전쟁을 함께 고려해야 한다. 그런데 이들은 오늘날 정치와 군사영역의 책임분야처럼 두 개의 개별행동처럼 인식되고 있다. 불행하게도 이러한 분리는 법적, 교리적, 관료주의적 관행 때문에 지속되는데, 이들은 실제로 전략이 실행되는 과정에서는 상호작용하지 않는다. 이와 같은 경계는 군사행동의 승인에 관련되는 한 존중되어야 하지만, 이들은 잠재적 행동을 계획하거나 전략화하기에는 명분이 부족하다.

서양국가에서 정치와 법의 구분은 이를 상대방이 적극적으로 이용할 경우 약점이 될 수 있다. 따라서 전략가는 법적, 정치적으로 수용가능한 해결책을 마련하여 이와 같은 약점을 극복해야 한다. 만약 그들이 바란다면, 서양국가들은 자신들이 스스로 채택하고 있는 법과 정치의 구분을 폐지할 수 있거나, 혹은 최소한 제약을 줄이는 방안으로 조율할 수 있을 것이다. 하지만 현실에서는 이와 같은 조치를 취하기 어려운데, 그 이유는 법과 정치의 구분은 서양국가들이 근본적으로 추구하는 가치와 밀접하게 연계되기 때문이다. 또한 서양국가들은 쉽게 전쟁에 말려들려 하지 않는다. 그러나 눈앞에 명확하게 제기된 위협과 위기가 이와 같은 가치 체계에 급격한 변화를 가져올 수도 있다.

강압과 억제는 동일한 약점을 가지고 있다. 두 전략은 모두 잠재적으로 유동적 상황에 대한 적극적 감시가 필요하고, 문화와 심리적 경계를 넘나드는 신뢰할 수 있는 소통이 필요하다. 또한 군사력 사용에 대한 기대감의 공유도 필요하다. 다른 전략들과 마찬가지로 강압전략과 억제전략은 투영a mirror imaging, 즉 적이 나처럼 행동할 경우에 취약하며, 적에게 자신이 추구하는 가치와 사고방식을 투영하는 것에 취약하다. 이러한 투영은 적이 소중하게 여기는 것과 이들이 어떻게 행동할 것인지에 대한 위험한 가정을 제기한다. 이러한 위험한 가정 중의 하나는 푸틴이 서양국가들이 평가하는 것과 마찬가지로 안정화 작전을 중요하게 판단할 것이라고 생각하는 것이다.

　이론적으로는 강압전략이 소모전략이나 섬멸전략을 포함한 다른 군사전략에 비해서 확전 상황에서 융통성이 많고 통제가 용이하다. 물론 다른 군사전략들도 강압과 억제의 행사할 수 있다. 우리는 '점진적 압박graduated pressure'이라고 알려진 전략을 통해서 강압의 힘을 확대할 수 있는데, 과거에 이 전략은 미국-멕시코 전쟁에서 제임스 폭크James Polk 대통령이, 그리고 베트남 전쟁에서 린든 존슨Lyndon Johnson 대통령이 사용한 바 있다. 두 대통령은 적절한 단계와 과정에 맞게 군사력을 조절하였는데, 이들은 자신들이 추구한 목적, 즉 적을 협상 테이블로 불러오기 위해서 군사력 사용을 점차 강화하였다. 이 전략은 필요 이상의 군사력 사용 혹은 미국 국민이 용납할 수 있는 수준 이상의 군사력 투입을 피하자는 생각에 근간한 것이었다. 하지만 이 전략을 구사한 두 대통령은 모두 어려움에 봉착했는데, 그 이유는 이들이 상대한 적이 고통을 인내하는 정도가 예상보다 강했으며, 그에 따라서 이들이 적을 강압하기 위해서 사용한 강압의 양과 정도를 계산했던 것보다 더 증가시켜야 했기 때문이다. 어느 역사가가 베트남 전쟁에 대해서 지적했듯이, "북베트남은 미국이 강요하려고 했던 고통의 강도보다 더 강력한 고통을 참아낼 준비가 되어 있었다."

　강압압박을 점진적으로 사용하면 최소의 비용으로 자신이 얻고자 하는 목적을 달성할 수 있다. 하지만 이 전략을 사용할 경우 전쟁이 장기화 될 우려가 있으며, 전쟁 피로도가 부각되어 국민이 전쟁을 끝내라고 요구할 때까지 아군의 피해가 늘어날 수 있다. 또한 마찰을 포함한 인간 감정의 특성으로 인해서 우리가 사용할 군사력의 수준을 측정하고 통제하는 것이 더욱 어려워질 것이며, 결국 군사력 사용이 잠재적으로 확대될 것이다.

이 외에도 억제는 여러 가지 한계를 가지고 있다. 군사전략으로서의 억제는 아군이 공격하여 적이 패배하게 만들거나, 이익을 넘어서는 손해가 발생하도록 만들 수 있는 물리적, 심리적 능력을 가지고 있다는 것을 믿도록 만들어야 한다. 최근에 발간된 국제관계 연구서들은 네 가지 형태의 억제를 제시한다. 직접억제direct deterrence는 자신에 대한 공격을 억제하는 것이며, 확장억제extended deterrence는 친구나 동맹국에 대한 공격에 대해 억제력을 행사하는 것이며, 포괄적 억제general deterrence는 잠재적 위협에 대하여 억제력을 행사하는 것이며, 즉각 억제immediate deterrence는 급박한 공격을 억제하는 것을 말한다. 현실에서는 이와 같은 분류와 구분이 여러 가지 겹치는 경우도 있다. 예를 들면, 프랑스와 영국은 1939년에 폴란드를 대신하여 즉각 억제와 확장 억제를 구사했으나, 히틀러의 폴란드 침공을 막아내지 못했다.

최근에 발간되는 전략 연구서들은 억제전략이 작용하는 과정에 대한 평가가 어렵다는 점을 과소평가하고 있다. 그 이유는 경쟁자가 대응하지 않는 것이 아군의 억제가 작용했기 때문인지, 아니면 억제가 작용했음에도 불구하고 적이 대응하지 않은 것인지를 파악하는 것이 항상 가능하지 않기 때문이다. 미국 국가안전보좌관을 역임한 바 있는 헨리 키신저Henry Kissinger는 다음과 같이 지적한 바 있다.

"억제전략의 적용 여부는 항상 부정적 절차에 의해서만 확인 가능하다. 즉, 어떤 사건이 발생하지 않아야 억제가 작용하는 것인데, 왜 어떤 일이 발생하지 않았는지를 설명하는 것은 사실상 거의 불가능하다. 따라서 현재 추진하고 있는 전략이 최고의 선택인지 아니면 단지 미미한 효과만을 가져오고 있는 것인지를 평가하는 것도 무척 어렵다."

점차 과거 사건에 관련된 사료史料들이 해제됨에 따라, 이들을 연구하여 특정 사건에서 실제로 억제가 작용하였는지를 분석하는 연구들이 진행되고 있다. 그런데 이러한 연구결과는 사실보다 훨씬 나중에 밝혀질 것이며, 또한 이들은 급박하게 행동해야 할 군사작전계획 입안자의 필요에 부응하지 못한다. 그러므로 출발 단계에서는 이러한 불확실성을 받아들이는 것이 최선이다.

둘째, 억제는 본질적으로 취약하다. 억제는 수시로 변하는 힘의 균형, 즉 기술, 군사, 정치, 외교적 차원의 균형에 의존하며, 이를 통해서 한 쪽이 다른 쪽을 결정적으로 압도한다. 만약 어느 한 쪽이 자기가 패배하고 있다고 느끼는 경우에는 너무 늦지 않게 행동해야 한다. 따라서 억제전략이 작용하는 기간은 그리 길지 않다. 바로 그러한 이유에서 억제전략에 대한 지속적 관심과 주의가 필요하다.

셋째, 다른 군사전략과 마찬가지로, 억제는 자신이 상대하는 적을 잘 간파해야 하는데, 그 이유는 공격자가 될 수 있는 모든 대상을 억제하는 것이 가능하지 않기 때문이다. 히틀러를 포함한 일부 공격자는 지연시킬 수 있었으나, 그들을 억제하기는 쉽지 않았다. 한때 그들이 망설이는 경우가 있었는데, 그때마다 그들은 다른 전선의 문제에 집중하거나, 혹은 당시 상황에서 자신에게 더 나은 이익을 얻을 수 있는 여건을 조성하려 하였다. 한편, 최근에 자주 등장하는 '자살 공격자suicide bombers'는 억제전략의 합리적 행위자 모델에 문제를 제기한다. 이와 같은 행위자를 처리하는 한 가지 방법은 이들이 성공할 수 있는 조건을 거부하는 것인데, 예를 들면 방어를 강화하거나 목표를 분산하여 사상자를 줄이는 것 등이다. 이를 통해서 자살 공격의 효과가 크지 않다는 점을 보여주어야 한다. 또한 억제전략이 가장 잘 적용되는 경우는 공자와 방자가 최소한의 기대감을 공유하는 경우이다. 공자와 방자는 상대방의 동기와 행동을 '간파read'할 수 있어야 하는데, 그렇지 않을 경우 역효과를 가져올 수 있는 결정을 내릴 수 있다.

마지막으로, 억제는 마찰과 우연에 취약하다. 우연하게 발생하는 사고accidents는 크기에 관계없이 항상 발생하기 마련이다. 그런데 이러한 사고가 우연하게 발생하는 것인지의 여부를 파악하는 것은 매우 어렵다. 예를 들면 항공기의 월경 비행이 조종사의 실수인지, 혹은 특별임무를 수행할 의도였는지는 파악하기 어렵다. 양측이 의사소통에 의한 노력이 잘못 인식되거나 혹은 잘못 전달되었을 경우에는 우연하게 발생한 사고나 예측하지 못한 사건이 억제를 무효화시키는 상황에 대응할 수 있는가? 이러한 상황은 핵 억제의 경우에 더욱 그러하다. 의사소통은 중요하지만, 여기에는 문화적, 심리적 경과 장치가 마찰의 형태로 작용하거나 또는 한 쪽이 의도한 메시지를 왜곡하는 형태로 작용할 수도 있다. 바로 이러한 것 때문에 전략에서는 매번 애매함이 해롭게 작용한다. 실제로 애매함은 소위 1979년의 대만 관계법the Taiwan Relations Act을 뒷받침하는 핵심 원리 중 하나로 작용하였다. 미국은 공식적으로 대만臺灣의 독립을 지지하지 않지만, 이 법안은 두 국가 사이의 "강력한 비공식 관계robust unofficial relationship"를 형성하는 근간이 되었다.

다른 사례와 비교할 때, 중국이 회색지대 전쟁에 접근하는 방식은 직접억제의 형태라고 볼 수 있다. 중국의 정책은 남중국해로 접근하는 다른 국가의 해군 함정을 거부 및 제한할 수 있는 수백여 개의 지상 및 대함정 탄도 및 순항 미사일의 배치와 밀접하게 연관된다. 중국인들은 이와 같은 전략을 '반反 개입counter-intervention' 혹은 '주변방어周邊防禦/peripheral defense'라고 부르는데, 그 이유는 이 전략이 중국의 핵심 이익이라고 여기는 지역에 침입하는 외부 세력을 저지하기 위한 목적에서 고안되었기 때문이다. 반대로 미국 국방부는 이와 같은 중국의 전략을 반反접근/반反거부anti-access/anti-denial, A2/AD라고 부른다. 그 이유는 중국의 전략이 미국이 지역 내 미국의 동맹국에게 제공하는 확장 억제에 영향을 주기 때문이다. 중국의 반反개입 전략에는 최신 항공 및 미사일 기술이 포함되어 있을 뿐만 아니라 중국인들이 주장하는 '정치전political warfare'도 포함된다. 이것은 개입의 법적 정당성을 거부하는 것이며, '법 전쟁

law-warfare/lawfare'이라고 할 수 있다. 앞서 지적한 것처럼, 서양국가의 전쟁에 대한 법적 시각은 중국이 구사하는 이와 같은 전술에 지극히 취약하다.

이에 대한 대응으로 미국과 동맹국은 독자적 A2/AD 전략의 구사를 고심해 왔는데, 이 전략은 중국과 북한 함정이 서태평양 지역 내부로 이동하는 것을 제한하기 위한 것이다. 만약 이 전략이 시행되면 서양국가의 대응전략으로 인해서 환태평양 지대에 대한 미국과 중국의 미사일 및 항공 방어지대가 중첩된다. 하지만 서양은 중국에 대해 보다 유리한 전략적 위치와 입장을 강화할 수 있다. 서양은 동맹국과의 관계를 강화하여 다각적 훈련을 증가시키고, 정보 공유를 확대하며, 협력을 증진시키며, 특정 무기에 대하여 무기 판매와 재무장 프로그램을 강화할 수 있다. 또한 서양은 태평양 횡단 동맹선the Trans-Pacific Partnership Line에 따라서 추가 무역협정을 강화할 수 있으며, 이와 더불어 아시아와 태평양 지역, 특히 중국에서 미국의 이미지를 고양시킬 수 있는 전략적 의사소통 방법을 강구할 수 있다.

하지만 서양은 항상 조심스럽게 대처해야 하는데, 그 이유는 강압전략과 억제전략을 구사하는 것은 자칫 군비경쟁을 통한 군사력 대결과 경쟁으로 나타날 수 있기 때문이다. 간략하게 정의하면, 군비경쟁은 적의 군사력의 범주에 맞서거나 혹은 추월하기 위한 노력이다. 현재 아시아와 환태평양 지대에서 군비경쟁이 진행되고 있다고 주장하는 학자도 없지 않다. 역사적으로 볼 때, 군비경쟁은 강압-억제 다이나믹의 결과에 의해 작용했던 경우가 많았다. 이러한 상황에서 제기되는 한 가지 중요한 질문은 서양국가가 이러한 경쟁에서 중국을 압도할 수 있는 경제력을 보유하고 있다고 믿는가? 혹은 서양이 중국과의 교전 위협을 받아들이고 있는지?에 대한 것이다. 서양은 자국의 경제정책을 명확하게 검토해야 하며, 또한 자신들이 21세기의 전全 지구적 경쟁이라는 도전에 직면했다는 점을 명심해야 한다.

　요약하면, 현재 제기되고 있는 소위 하이브리드 전쟁과 회색지대 전쟁은 새로운 것은 아니다. 다만 이들은 서양의 무력충돌 개념이 놓치고 있는 중요한 핵심을 강조하고 있으며, 또한 미국 군대의 전략을 지지하기 위해 실행하는 전역 계획수립 모델의 약점을 지적한다. 서양의 전쟁개념은 대체로 현실을 제대로 반영하지 못하며, 많은 제약을 가지고 있다. 이 개념에 따르면 무력충돌이 위험하지만, 여전히 일반적 정치활동이라는 넓은 영역에서 이해하지 않고 국제적 행동의 스펙트럼이라는 인위적 좁은 공간에 제한하려 하고 있다. 그 결과 서양은 스스로 불리함을 자초하고 있다. 반면 서양의 경쟁자들은 전쟁을 비정상적 행위로 보지 않으며, 때때로 많은 비용이 소모되지만 자신의 이익을 추구하기 위한 자연스러운 수단으로 인식한다. 물론 서양이 자신의 강압전략에 대한 대응전략을 발전시키기 위해서 반드시 경쟁자의 가치를 수용할 필요는 없다. 그러나 서양에는 위기에 대응하는 관점에서 뿐만 아니라 이들을 예방하는 과정에 융통성을 제공할 수 있는 모델이 필요하다. 강압-

억제 다이나믹이 이에 적절한 모델이 될 것이다.

그러나 이것이 제대로 작동하기 위해서는 이것 역시 융통적인 틀 안에서 작동해야 하며, 모든 형태의 힘이 변동하는 잠재력과 변화하는 조합을 신뢰할 수 있어야 한다. 지정학적 위치는 이와 같은 틀이 될 수 있다. 전략의 가장 중요한 목적은 이익을 쟁취하는 것인데, 이는 그동안 수많은 역사 연구와 군사학 저서들이 주장해 온 명제이다. 이것에 대해서는 논쟁할 필요는 없지만, 미국을 포함한 서양국가가 오랜 기간 동안 이러한 관행을 간파하고 합리화시킬 수 있는 틀에 관심을 갖지 않았다. 지정학적 위치는 이와 같은 틀을 제공하며, 또한 적용하는 방법이나 강도와 관계없이 틀a framework의 역할을 할 수 있다. 그리고 이에 따른 이익이 누적되면 강압전략과 억제전략을 구사할 수 있는 영향력을 갖게 될 것이며, 그 결과 다른 분야와 다른 방식에서 협조하는 방안을 강구해야 할 것이다.

하이브리드 전쟁 혹은 회색지대 전쟁을 강압, 억제, 혹은 두 가지 전략이 결합된 형태로 이해함으로써 이들을 둘러싼 애매함을 제거할 수 있다. 이들은 군사전략가와 전역 계획 수립자들이 수많은 차원에서 압박을 행사할 수 있는 행동절차를 발전시킬 것이며, 또한 이를 통해 바람직한 정책목적을 달성할 수 있을 것이다.

불행하게도 현재 미국 군대가 군사력을 사용한 전역military Campaign을 구상하는 모델은 모두 강압-억제 다이나믹이나 틀a framework로서의 지정학적 위치를 간과하고 있다. 현재의 모델은 정치적 맥락이나 목적과 무관하게 작용하고 있으며, 오로지 군사력을 사용한 전역military campaign을 적의 의지를 장악하기 위한 투쟁의 수단으로만 묘사하고 있다. 따라서 이들은 어떻게 각 군이 싸우기를 원하는가를 묘사하는 이상적 상황에 집중할 뿐인데, 이러한 이상적 상황은 현실에서는 발생하지 않는다는 점에서 알 수 있듯이 이 모델의 가정은 처음부터 잘못된 것이다. 반대로 모델은 반드시 역사적 상황에 대한 분석에서 출발해야 한다. 이것은 무력충돌이 어떻게 진행되는지에 대한 분석에서부터 시작되어야 하며, 또한 언제든지 의식을 고양하기 위한 주제를 축적하고, 정책실행자에게 제시할 개념 마련에 힘써야 한다. 이러한 이유에서 전문 직업군대의 교육과정에서 강압전략과 억제전략에 대한 연구가 더욱 강화되어야 할 것이다. 또한 이 전략들이 전역 구상과 관련된 부분에서 공식 교리의 핵심을 차지해야 할 것이다.

비록 서양 민주주의 국가에서는 군대에 대한 민간의 통제를 신성불가침한 요소로 강조하고 있으나, 실제로 정치 지도자나 외교관은 전략자산을 사용하는데 있어서 전문가가 될 만한 훈련, 시간, 경험이 부족하다. 따라서 이러한 업무는 전문 직업군인이 담당할 수밖에 없다. 그런데 이 업무에서 성공하기 위해서 직업 군인은 정책 결정자가 이해할 수 있는 수준과 용어를 사용하여 이들이 이해할 수 있는 수준에서 조언해야 한다. 그러지 않을 경우, 민간 정책 지도자와 전문 직업군인 사이의 격차는 과거에 비해서 더욱 벌어질 것이며, 급기야 서양은 경쟁세력에 밀려서 더욱 불리한 입장에 처하게 될 것이다.

역자 후기Translator's Epilogue

세계의 많은 군대는 사관생도를 포함한 장교 후보생과 초급장교에게 '전쟁사military history'와 '군사전략military strategy' 등을 필수과목으로 지정하여 교육한다. 장차 군사 전문가로 성장할 인재들에게 양성 과정부터 지적 양분intellectual nutrition을 제공하기 위함인데, 이 중에서 '군사전략'은 최상最上의 군사 전문가라면 반드시 갖춰야 할 필수 자질 중의 하나로 꼽힌다. 장차 우리나라 군대를 지휘할 장교 후보생들에게 적어도 '군사전략' 개론槪論 혹은 입문入門을 교육해야 하는 이유이다.

지난 몇 학기 동안 '군사전략' 과목은 고통 그 자체였다. 교육 목표에 대한 기대치와 교육 효과 사이의 격차에서 발생하는 괴리 때문이었다. 이 과목을 수강하는 장교 후보생에게 교육 내용과 방법론이 너무 어려워서 생겨나는 문제였다. 역사학적 접근방식을 사용하는 전쟁사 과목의 교육 효과와 비교할 때 더욱 그러했다. 교재로 사용한 『전략론』(2004), 『군사사상사』(2006), 『군사전략론』(2013) 등이 어려웠고, 과목 목표에 집착했던 교수의 강의도 쉽지 않았기 때문이었다. 그러다보니 임관을 앞둔 장교 후보생에게 '군사전략'을 강의하는 것이 적절한가라는 비판에 직면하기도 했다.

역자가 교실에서 만났던 학생들은 역사적 사건을 이해하는 능력은 뛰어나지만, 특정한 이론에 접목하여 분석하는 단계에 접어들면 어려움을 토로했다. 역사적 사실fact과 그를 둘러싼 이야기story에서 교훈을 찾아내는 전쟁사 수업과 달리, 특정 이론theory 혹은 틀frame에 근거하여 분석을 시도하는 '군사전략' 과목을 어려워했다. 수학 공식에 대한 암기에는 강하지만, 특정 공식의 원리를 이해하고 주어진 문제에 응용하여 해결할 수 있는 능력이 취약한 학생에 비유하는 것이 적절할지 모르겠다. 물론 이것은 역자의 주관적 평가이며, 의견을 달리하는 이들도 있는 줄 안다.

이 책에서 현재 대한민국이 처한 안보위기에 대한 직접적 해법이나 조언을 찾기는 힘들 것이다. 일부 전문가들은 이 책을 아예 전문서적이 아니라고 분류할 지도 모르겠다. 대신 이 책은 군사학, 전쟁사, 군사이론 입문자나 초보자가 어렵지 않게 읽을 수 있을 것이다. 그래서 더 중요한 책이라고 확신한다.

짧지 않은 기간 동안 '군사전략'을 연구하고 강의하면서 동료들과 수없이 주고받은 질문이 있다. "과연 우리에게 제대로 된 군사전략 입문서가 있는가?" 이 책은 이 질문에 대해 역자가 찾아낸 답

중의 하나이다. 사관생도를 포함한 장교 후보생, 그리고 군사학, 전쟁사, 군사전략 입문자들이 많이 읽으면 좋겠다. 가능하다면, 원서를 권장한다. 영어가 어렵지 않고, 번역서에 비해 논리 전개가 간략하며, 가격도 저렴하다. 또한 최근의 전쟁을 연구하는 전문 연구자에게도 권할 수 있는 수준 높은 개론서로도 손색이 없기 때문이다.

이 책의 저자는 지난 20여 년 동안 미국을 대표하는 군사 이론가, 군사 전략가로 손꼽히는 안툴리오 에체베리아(Antulio J. Echevarria II) 미국 육군대학US Army War College 교수이다. 에체베리아 교수에 대한 평가는 다양한데, 역자와 친분이 있는 미 육군 장교 한 사람은 그를 "살아있는 클라우제비츠Clausewitz in our age"라고 극찬한 바 있다. 이러한 평가는 에체베리아 교수의 저작에 대한 미 육군과 학계의 평가와 크게 다르지 않다.

사관생도로부터 장군, 주요 정책결정자에 이르기까지 다양한 군인과 정치가에게 군사이론, 전쟁사, 군사전략을 강의한 경력을 가지고 있는 에체베리아 교수는 이 책에서 군사전략 입문자가 반드시 알아야 할 전쟁사의 핵심 사례를 주요 군사전략 개념과 연결하여 설명하려 하였다. 부록에 에체베리아 교수가 쓴 "Operating in the Grey Zone : An Alternative Paradigm for US Military Strategy"(2016)라는 제목의 논문을 번역하여 덧붙였다. 원저가 너무나 얇다는 역자의 우려에 대해 저자가 제시한 의견이 수용된 결과이다. 부록 역시 원문으로 직접 접할 것을 권장한다. '회색grey'으로 치닫는 현대전쟁의 양상을 고민하자는 취지는 좋으나, 전체적으로 복잡하고 난해하여 번역이 쉽지 않았기 때문이다.

몇 년 전에 에체베리아 교수가 쓴 *Clausewitz and Contemporary War*(Oxford University Press, 2007)를 번역하려 시도했으나, 곧바로 포기해야 했다. 19세기에 죽은 클라우제비츠와 21세기에 살아있는 클라우제비츠를 동시에 상대해야 할 엄두가 나지 않았기 때문이었다. 클라우제비츠에 관심이 있는 전문 연구자들은 이미 이 어려운 책을 접했을 것이기 때문에 구태여 내가 나서서 번역에 골머리를 싸맬 필요가 없다는 구차한 변명을 찾은 것으로 만족했다. 그러던 중 이 번역서의 원저인 *Military Strategy: A Very Short Introduction*(Oxford University Press, 2017)을 만났다. 과도하게 짧고 간결해서 전문가들은 외면하겠지만, 외국 도서에 친숙하지 않은 군사학 입문자들에게 소개하기에는 최고의 서적이라고 생각했다. 망설일 이유가 없었다.

번역하는 동안 현재 각 교육기관에서 다루고 있는 '군사전략' 과목의 교육 내용을 자세하게 검토하고, 이 번역서를 이 과목에 어떻게 활용할 수 있는 것인가를 고민했다. 그러다 보니 원저에 실린 저자의 주장을 의도치 않게 잘못 번역하는 우愚를 범했을 수도 있다. 이 번역서에서 발견되는 오류나 문제는 전적으로 역자의 부족한 번역 실력과 군사전략에 대한 이해 부족에 기인한다. 훌륭한 원서 대신 거친 번역서를 읽는 독자에게 미안한 마음이 앞서는 이유이다.

　끝으로, 정리되지 않은 초벌 원고를 마다하지 않고 여러 차례 꼼꼼히 읽고 오류를 잡아준 육군사관학교 군사사학과 동료 교수들에게 감사한다. 또한 쉽지 않은 상황임에도 흔쾌히 이 번역서의 출판을 자청한 도서출판 황금알의 의리에 경의를 표한다.

2018. 1.

譯者